20년 경력 현직 여행사
사장이 알려주는

여행
꿀팁

20년 경력 현직 여행사
사장이 알려주는

여행
꿀팁

박동주 지음

프롤로그

책을 쓰는 동안 하기 싫어 미루어왔던 숙제를 밤늦게 하는 느낌이었다. 엉덩이를 움켜쥐고 조금만 더 참고 버티다가는 바로 나올 듯한 급박한 상황에 화장실을 뛰어가는 느낌으로 펜을 들었다. 내가 여행사를 한다니 많은 사람들이 가장 많이 물어보는 질문이 있다. "싸게 갈 수 있어요?" 이런 곤란하고 당황스러운 질문에 답을 한다는 생각으로 이 책을 썼다.

현재 수많은 여행 책자들이 인터넷과 서점에 나와 있다. 그 책들은 대부분 여행지의 객관적인 정보만을 제시하고 있다. 예쁜 여행지 사진과 함께 현지 설명이 어떤 책이 더 최신이고 자세히 적혀 있는지에 따라 베스트셀러는 매번 바뀐다. 저자들을 보면 그 여행지에서 며칠 또는 몇 개월 간 생활하면서 체험하고 알아본 정보만을 책에 썼다. 여행업 종사자의 눈으로 볼 때 그 책은 손님이 또 다른 손님들을 위해 쓴 것이다. 물론 독자들도 여행책이라 함은 당연히 그런 정보만을 제공하는 것이라 생각하고 구입하는 것이 보편적이다. 나는 그런 책 저자들과 달리 여행업 종사자로서 전혀 다른 접근 방식으로 이 책을 집필하였다. 또

한 여러 학자들과 전문서적의 말을 인용하여 짜깁기한 여타의 흔한 책과 다르게 오롯이 나의 견해와 경험을 토대로 이 책을 집필하였다. 나는 태국에서 현지 가이드 5년, 한국에서 해외 인솔자 겸 국내 가이드 3년, 중견 여행사 부장 6년, 대형 여행사 팀장 3년, 지금은 여행사 대표로 4년 넘게 근무하고 있다. 가이드, 인솔자, 영업, 기획, 운영 다양한 분야에서 20년 넘게 여행의 모든 분야를 몸소 체험했다. 내 나름 여행업에 있어서는 전문가라고 자부한다.

여행은 특별한 그 무엇이 아니다. 누구나 쉽게 접하고 갈 수 있다. 가족에게 여행 간다 한마디만 하고 바로 집 밖만 나서면 여행이 시작된다. 누구든 여행에 대한 소신과 철학이 있다. 또한 우리나라 여행에 대한 문제점도 잘 알고 있고 이런 여행보다는 저런 여행이 좋다는 것도 잘 알고 있다. 그럼에도 막상 본인이 여행을 선택할 때는 그 문제점들을 잊고 만다. 아니 무시해버린다. 본인이 선택한 상품과 코스가 현 상황에 가장 적합하다는 정당성만 찾는다. 그럴 때마다 나는 그 옆에서 조언을 해주지만 잔소리가 되고 만다.

이 책은 나의 진심 어린 조언이다. 많은 사람들이 여행 상품 선택 전에 그리고 여행 가기 전에 반드시 읽어보고 좀 더 재미있는 여행 만들기에 도움이 되기를 바란다.

나는 태국에서 현지 가이드로 5년 동안 일했다. 여행에 대한 부푼 꿈과 환상을 가지고 오는 손님은 항상 밤에 도착했다. 손님과의 첫 만남은 부푼 환상과 꿈을 잠시 접게 하고 호텔로 안내하는 것으로 시작된다. 가이드는 이때 역할이 중요하다. 그 부푼 꿈에 부응하는 멘트를 해줘야 한다. 나는 이때 여행사에서 받아온 여행계약서에 영혼을 불어넣는 작업을 한다. 그것은 앞으로 진행되는 여행을 예쁘게 포장하는 것이 아니라 포장지를 벗기고 실제로 직면할 여행에 대한 설명을 현실적이고 감동적으로 한다. "지금 오늘 이 순간부터 이 버스를 탄 우리 손님들은 6살입니다! 천진난만한 어린애입니다! 상상을 해보세요! 6살짜리는 모든 것이 신기하고 어떠한 상황에서도 즐겁고 삶에 스트레스도 없습니다…." 이렇듯 나는 호텔까지 가는 30분 동안 손님들이 가져온 여행 일정을 재미있고 긍정적으로 풀어내는 작업을 한다. 허니문 팀에게는 양초와 꽃 편지지도 함께 주며 잊지 못할 신혼여행을 만들라 말한다. 그리고 그런 감동 멘트가 다 끝나고 손님 눈을 본다. 초롱초롱 빛나는 눈빛이 다 나를 보고 있다. 그러면 그 여행은 십중팔구 끝날 때까지 모두 만족해한다. 돌아가는 날 공항에서 눈시울을 적시는 어머니도 있다. 한국 돌아가서 라면도 보내주고 심지어는 내가 입을 옷도 사서 보내주는 손님도 있었다. 아마 그런 손님들은 평생 그 여행을 잊지 못할 것이다. 여행은 마음가짐이 무엇보다 중요하다. 여행에서 본인이 처해 있는 상황이 비바람이 몰아치고 있거나, 줄을 2시간 서서 기다려야 하는 상황에서도 마음을 좋게 먹어야 한다. 그 비바람이 태풍이 아니어서 다행이고, 줄을 3시간 서지 않아서 다행이라고 생각해야 한다. 그래야 돈과 시간이 아깝다는 생각이 안 들고 그 상황마저도 나중엔 추억이 될 수 있기 때문이다.

여행은 관광과 달라야 한다. 관광은 그저 스트레스를 풀고 즐거움을 얻는 것에 한정 짓지만, 여행은 그런 관광 속에서 무언가 한 가지를 배워 가는 것이 여행이라 표현하고 싶다. 여행은 관광보다 좀 고차원적인 느낌이랄까? 여행은 많은 사람들을 성숙하게 만든다. 배고픔을 참아가며 뜨거운 햇살 아래 몇 킬로씩 걸어 다니면서 여행지를 둘러보고, 나도 배가 살살 아픈데 가지고 온 정로환을 먹지 않고 설사하는 동료에게 건네주는 미덕은 결코 일상에서는 하기 힘든 행동들이다. 여행이 그들을 그렇게 만들었다. 나도 모르게 여행이 나를 착한 사람으로 만들고 끈기가 있는 사람으로 만든다. 여행 시작 전엔 철모르는 아이의 마음이 여행이 끝나고 나면 고향집 어머니 마음이 되어 있다.

많은 사람들은 일상을 벗어나 여행을 갈망하며 살아가고

있다. 당장 가고 싶지만 각자의 이유로 다음에 가거나 포기하기도 한다. 어디가 좋고 어디가 나쁘다 이렇다 저렇다 하는 말보다 여행은 직접 가보고 해봐야 알 수 있다. 사람들은 왜 여행하고 싶어 할까? 미지의 세계를 탐구한다, 우리와 다른 삶을 체험한다, 새로운 것을 맛보며 나와 다른 환경을 이해한다, 등 여러 이유로 여행을 교과서에 나올 법한 정답처럼 묘사한다. 하지만 결국 여행 목적은 즐거움과 재미를 얻기 위해서이다. 즐거움이 없는 상태에서 보는 여행지 경치는 특별함이 없다. 손님을 위해 차려진 특식은 이상한 맛일 뿐이고, 화려한 호텔은 나와 맞지 않는 낯선 장소일 뿐이다. 즐거움 없이 하는 여행은 일상을 일탈한 회피이며 불안만 초래할 뿐이다. 여행자는 그런 여행에 결코 본인의 귀한 돈과 시간을 낭비하지 않을 것이다. 여행은 이제막 사귄 사랑하는 연인과 데이트하는 것과 비슷하다. 사랑하는 사람과 음식을 먹고, 영화를 보고, 공원을 산책하는 그 사람은 그 누구보다 그 어떤 순간보다 행복한 시간을 보낼 것이다. 그 순간을 영화의 한 장면처럼 기억하고 평생을 그 잊지 못할 추억을 더듬으며 살아갈 것이다.

여행업을 하면 할수록 우리나라 여행업 시장이 날로 저급화되어 가는 듯한 느낌을 받는다. 이 책은 현재 행해지고 있는 여행에 대해 다소 비판적으로 썼다. 지금의 여행 시스템이 너무 좋고 아무 이상 없다고 생각하는 독자나 여행업 종사자에게는 반감을 줄 수 있는 책임에 틀림없다. 그럼에도 내 의견을 강하게 어필하였다. 왜냐하면 대한민국 여행 현실을 들여다보면 한숨 나올 때가 많다. 그 한숨을 알리고 싶었다. 나아가 그 한숨을 환호로 바꾸고 싶었다. 정말 즐겁고 재미있어야 할 여행에서 한숨이 나와서는 안 된다. 여행이 숙제가 되고, 부담이 되어서는 안 된다. 여행은 생각 자체만으로 설레야 하고 집에 돌아가기 싫어야 한다. 그러기 위해선 여행사도 그런 분위기와 환경의 멍석을 깔아줘야 한다. 손님에게 가시방석을 깔아주어서는 안 된다. 나도 여행업 종사자로서 손님에게 멍석이 아닌 가시방석을 깔아주지는 않았는지 자책을 해본다. 과연 나의 손님이 내가 차려준 밥상의 음식을 맛있게 잘 드셨는지 혹 체하지는 않았는지 내 자신에게 묻고 또 묻는다.

정작 한평생 여행사에서 근무한 여행업 종사자가 손님들을 위해 쓴 책이 제대로 세상에 나와 있지 않는 것이 현실이다. 동종의 업계를 대표하는 마음으로 아니 죽기 전에 풀어야 할 숙제를 한다는 마음으로 펜을 들었다. 현지 가이드, 인솔자, 여행사 직원, 여행사 대표를 거쳐 오면서 여행업의 모든 과정에서 느끼고, 보고, 경험했던 나의 여행 이야기를 이 책 한 권에 담았다. 잃어가고 있는 나의 늙어가는 기억력의 한계를 느껴 글로나마 그 좋았던, 그 황홀했던 삶의 하이라이트인 나의 감동적이고 눈물 나는 여행

이야기를 쓰고 싶었다. 그리고 이 책을 읽은 독자가 여행의 즐거움을 얻는 데 조금이나마 도움이 되었다면 그걸로 위안을 삼을까 한다.

매주 한적한 동해와 서해 바닷가 마을을 찾아다니며 책을 썼고, 나 자신도 깊이 들여다보았다. 하루 종일 누구와도 말 한마디 없이 무수히 많은 속엣말을 쏟아내며 내 마음과 이야기했다. 그리고 그 말들을 이 책에다 옮겨놓았다.

이 책이 나오기까지 옆에서 묵묵히 도와준 나의 반려자에게 감사를 드리며 책이 나오기만을 손꼽아 기다려준 스님들, 여행업계분들, 그리고 나를 응원해준 모든 분들께 이 책을 빌려 감사의 마음을 전한다.

2020년 6월 안면도 영목항 그날펜션 201호에서

저자 박동주

목차

프롤로그 _ 4

Part 1

여행 바로 알기

1. 여행이란   17
2. 여행사가 하는 일   23
3. 여권과 비자는 통행증이다   29
4. 내게 맞는 여행 만들기   36

Part 2

영원히 기억에 남을 여행 만들기

1. 여행 복장   45
2. 여행도 색깔이 있다   54
3. 내게 맞는 가이드   60
4. 여행은 취미다   66
5. 여행 목적지 선택하기   71
6. 여행사 선택하기   76
7. 여행 적령기   82
8. 여행 먹거리 챙기기   86
9. 여행 가방 꾸리기   92
10. 여행 사진 잘 찍기   98

11. 혼자 하는 여행　　　　　　　103

12. 여행 동반자　　　　　　　　109

13. 여행 쇼핑　　　　　　　　　115

14. 즐거운 여행 조건　　　　　　121

15. 현지 음식　　　　　　　　　127

16. 여행 향기　　　　　　　　　132

Part 3

여행 시 유의사항

1. 여행 중 조심해야 할 3가지　　　139

2. 여행지에서 꼭 해봐야 하는 3가지　　145

3. 내게 맞는 숙소(호텔) 고르기　　150

4. 여행 취소 시 수수료　　　　　156

5. 여행자 보험 들기　　　　　　163

6. 공항에서 해야 할 필수 8가지　　168

7. 출입국카드 작성 노하우　　　177

8. 여행비용 책정하기　　　　　184

9. 우리나라 여행 현실　　　　　203

Part 4

여행 에피소드

1. 나의 첫 손님	219
2. 무당들과 함께한 4일	224
3. 눈물 났던 여행	228
4. 오지여행	234
5. 내 인생 가장 재미있었던 여행	239
6. 스님과의 인연	242
7. 손님이 재산이다	246
8. 여행 없는 삶	250
9. 여행을 통해 배운다	254
10. 여행사 직원으로 살기	260

에필로그 _ 265

Part 1

여행
바로 알기

1. 여행이란

> 여행은 한 권의 책이다.
> 여행하지 않는 사람은 그 책의 한 페이지만 읽는 것과 같다.
> - 아우구스티누스 -

여행이란 이제 막 사랑을 시작한 연인이 세상에서 제일 멋있는 모습으로 데이트 약속 장소로 가고 있는 가슴 설레는 기분이다. 또한 사춘기 시절 나의 인생관을 바꾸어놓은 영화에 나오는 주제곡을 평생 나도 모르게 흥얼거리며 그 영화의 잊지 못할 장면을 가슴에 묻어두었다가 가끔 내가 그 주인공이 되는 것이다.

세상의 많은 사람들은 여행을 꿈꾼다. 너도 나도 '여행 가고 싶다'라는 말을 입에 달고 산다. 늘 만나는 친구들과 수다를 떨다가 할 말 없으면 창가를 보며 혼잣말로 "아~ 여행 가고 싶다"라고 말한다. 석 달에 한 번 있는 어머니들 모임에서도 한참을 이야기하다가 한 어머니가 이렇게 이야기한다. "그러지 말고 우리 여행이나 한번 가자!" 이제 막 사귄 연인의 남자가 "자기야! 우리 여행 한번 갈까! 잘 때는 손만 잡고 잘게! 나 그런 사람들과 달라!" 회사일로 바빠서 가족들과 식사 한번 함께 못 한 아빠가 아이들과 아내를 모아놓고 미안한 나머지 "우리 이번 겨울에 사이판으로 가족여행 가자" 하면, 아이들은 와~ 신난다 하며 분위기를 반전시킨다. 시골에서 구부러진 허리로 매번 김치를 담가 보내주시는 시어머니를 생각하며 며느리는 남편에게 "여보! 시부모님 댁에 작년에는 보일러 놔줬으니 올해는 여행 한번 시켜줍시다" 말한다. 이렇듯 여행은 남녀노소 누구를 막론하고 언제든 가고 싶어 하는 선망의 대상이자 삶의 목표가 되고 있다. 그들에게는 여행이 그간에 섭섭했던 일들로 삐쳐 있는 주위 사람들에게 해결사 역할을 한다. 여행만 가면 모든 일들이 술술 풀린다. 삶의 끝에 놓여 생명을 잃어가고 있는 사람도 유언 또는 유서에 함께 여행 한번 못 해본 걸 후회한다고 남긴다. 나도 이런 여행이 좋아서 지금껏 20여 년 넘게 여행업에 종사하고 있다.

여행은 많은 사람들을 기분 좋게 한다. 회사의 사활이 걸린 삭막한 분위기 속에 심각한 문제로 머리를 맞대고 서로 토론을 하고 있다. 이때 주문한 자장면이 배달 오면 그

표정은 이내 없어지면서 "먹고 합시다!" 한마디로 분위기가 금세 풀어진다. 이와 마찬가지로 아무리 험난한 상황에서도 여행 이야기를 하면 딱딱한 얼음이 새하얀 눈으로 바뀐다. 가끔 손님을 만나 여행 일정을 상의할 때가 있다. 나는 오직 손님들을 여행 일로만 만나다 보니 그분의 본래 성격을 잘 모른다. 아니 나를 대면하고 있는 그 성격이 그분의 본래 성격으로 알고 있다. 하지만 그분의 주위 사람들은 여행을 함께 하면서 그분의 다른 좋은 면을 보았다는 말들을 많이 한다. 봄의 따뜻한 햇살이 싸늘한 기온을 올려주듯 여행을 좋아하게 되면 성격이 온화하게 변화된다. 마치 공격성을 타고난 사자 새끼를 사람 손에 키우면 성격이 온화해지듯 여행을 좋아하게 되면 남을 비방하려고 갈고 닦은 날카로운 그런 발톱은 퇴화된다. 그래서 여행업에 종사하는 사람치고 악한 사람이 없다.

여행은 누구나 갈 수 있다. 구걸하는 거지도 어떤 착한 사람이 실수로 잘못 준 100만 원짜리 수표를 받아 여행 갈 수 있다. 여행은 언제든 갈 수 있다. 아내와 TV를 보다 "와~ 세부 좋다! 우리 당장 세부 가자!"라고 한 농담 한마디가 순간 진담으로 알아들은 아내 덕분에 그날 저녁에 비행기를 타고 세부를 갈 수도 있다. 우리는 어쩌면 지구라는 곳에서 삶이란 이름으로 여행을 하고 있는지도 모르겠다. 모든 순간순간이 짧은 여행이라고 표현해도 괜찮을 것 같다. 매일매일 반복되는 하루 여행, 12번 바뀌는 매달 여행, 매년 나이 먹는 인생 여행. 우리는 엄마 배 속에서 나와 숨이 끊어질 때까지 인생이라는 여행 상품을 구입해 끝을 가늠할 수 없는 긴 여행을 하고 있다. 이 인생 상품은 각자 여행 기간이 다르다. 아무 일 없이 무난히 여행한 사람은 100년, 밤낮으로 몸을 혹사하며 여행한 사람은 50년, 여행 중 사고를 당한 사람은 20년 각자 여행 기간은 다르지만 그 각자의 여행 만족도 또한 다를 것이다. 20년을 산 사람도 눈물 나도록 감동적인 여행이었다 할 수 있고, 100년을 여행한 사람도 시시하고 지루한 여행이었다 할 수 있다. 이처럼 여행은 기간과 지역이 중요하지가 않다. 언제 어디서든 누구에게나 좋고 나쁠 수 있다.

"세상에서 가장 아름답고, 소중한 것은 보이거나 만져지지 않는다. 단지 가슴으로만 느낄 수 있다." -헬렌 켈러의 말이다. 여행은 가보는 것이 중요하지 않다. 여행이 모든 걸 해결해주지 않는다. 여행은 수단이지 목적이 될 수 없다. 여행 가고 싶다며 혼잣말로 떠들어댔던 그 친구도 실상 여행에서 더 지루함을 느낄 수 있다. 여행 한번 가자던 어머니들 모임에서 실제 여행에서 서로 의견이 안 맞아 더 싸울 수 있는 것이다. 연인이 함께 한 여행에서 남자에게 실망한 여자가 결별을 생각할 수 있다. 또한 노부모님을 위한 효도여행이 악몽여행이 되어 돌아올 수 있는 것이다. 이러지 않기 위해서는 여행 내내 한순간이라도 영화의 한 장면처럼 '아! 정말 좋다!'라고 느끼도록 만드는 것이 무엇보다 중요하다. 이건 여행사가 만들어주는 것이 아니라 본인이 그런 상황을 만들어야 마음속으로 느낄 수 있다. 여행에서의 비참함과 즐거움은 마음먹기에 달렸다. 비 오는 스페인 어느 골목길을 걷는 내 모습이 처량하다 생각되면 비참한 여행이고, 낭만적이라 생각되면 즐거운 여행이다. 2 달러짜리 현지 밥을 라오스 루앙프라방 여행자거리 한 귀퉁이에서 쪼그리고 앉아 먹고 있는 내 모습이 아무 표정 없으면 비참한 여행이고, 옆의 서양 배낭족과 웃으며 먹고 있으면 즐거운 여행이다.

여행을 한 사람은 많으나 만족을 느낀 사람은 많지 않다. 가끔 손님들끼리 하는 이야기를 듣는다. 여행이 다 거기서 거기고, 여행사가 다 거기서 거기다라는 말을 한다. 그런데 여행은 다 거기서 거기가 아니다. 매번 다른 환경에서 다른 경치를 보고, 다른 음식을 맛보며, 신나는 체험을 하고 다른 사람들을 접하는 여행이야말로 새로운 세상을 맛보는 놀라움 그 자체이다. 여행이 거기서 거기라는 말은 여행에서 재미를 느끼지 못했기 때문이다. 밥맛이 없는 사람이 밥을 먹을 때는 곤욕스럽다. 아무리 맛있는 음식 앞에서도 그 맛이 그 맛이다. 이런 사람에게는 밥맛을 돋우는 그 무언가가 필요하다. 여행을 거기서 거기라고 표현하는 사람들도 마찬가지다. 그렇게밖에 여행을 해본 적이 없기 때문에 늘 거기서 거기인 것이다. 그런 사람들은 여행 가고 싶다고 해서 무작정 아무 계획 없이 아무 데나 아무나하고 가지 말기 바란다. 식욕이 왕성한 사람처럼 아무거나 먹어도 맛있지 않기 때문이다. 여행의 목적을 정확히 세우고 계획해서 지역을 알아보고 누구와 함께 가야 재미있을 건지 생각하고 계획해야한다. 그러면 여행이 이제껏 경험하지 못한 졸깃졸깃하고 식감 좋은 특식을 당신에게 선사할 것이다.

"20년 경력 현직 여행사 사장이 알려주는 여행 꿀팁"

2. 여행사가 하는 일

여행은 다른 문화,
다른 사람을 만나고
결국에는 자기 자신을 만나는 것이다.

- 한비야 -

대다수의 손님들이 여행사를 찾는 이유는 현지를 모르는 것에 대한 두려움 때문이다. 혹 나가서 안전상에 문제가 생기면 어떻게 하지? 누가 나를 납치해서 접시닦이를 시키면 어떻게 하지? 돈은 들어 있지 않지만 지갑을 잃어버리면 어떻게 하지? 먹방 여행인데 좋아하는 맛집을 모르면 어떻게 하지? 등 많은 불안하고 무지한 요소들을 여행사가 해결해줄 수 있기 때문이다. 여행사는 이런 불안해하고 무지한 요소들을 몇 장의 종이에 여행 일정이란 여러 레시피를 손님들에게 제공한다. 손님들은 황금비율로 맛나게 차려놓은 여행 상품을 본인의 입맛에 맞게 사서 먹는다.

여행사 상품은 크게 두 가지로 나뉜다. 첫째, 서로 모르는 여러 사람이 특정한 날짜 상품을 이용하는 패키지투어, 둘째, 서로 아는 여러 사람이 한 팀이 되어 특정한 상품을 선택하고 그 모임 특성에 맞게 선택한 상품에 살을 붙이거나 빼는 인센티브투어(FIT)가 있다. 패키지투어와 인센티브투어의 공통점은 여행사 상품이고, 다른 점은 한 단체 성격이 아는 사람들이냐 모르는 사람들이냐이다. 예를 들어 우리 가족여행인데 특정한 여행사 상품을 이용하여 모르는 여러 사람과 함께 가면 패키지 가족여행이다. 반면에 모르는 사람이 끼지 않고 그 가족끼리만 특정 상품을 이용하면 인센티브 가족여행이다. 다시 말하면 식당에서 주는 냉면을 있는 그대로 먹는 것은 패키지여행이고, 그 냉면에 소스를 넣고 만두를 추가로 시킨다면 인센티브여행이다.

거의 모든 사람들이 여행사가 하는 일에 대해 알고 있다. 이것은 미국 나사(NASA)가 하는 일을 우리가 대충 알고 있는 것과 비슷한 수준의 지식이다. 여행사가 하는 일을 좀 더 자세히 알면 고객들이 여행사에 대한 오해와 진실을 알고 대응하는 방식이 좀 더 달라지지 않을까 생각한다. 여행사는 중개 수수료가 수익이다. 손님과 항공사, 손님과 호텔, 손님과 여행자 보험사, 손님과 버스회사, 손님과 식당, 손님과 여행지 입장료 사는 곳 등 이렇게 자유여행이라면 여행자 본인이 직접 해야 할 모든 여행 준비를 대신해서 해주고 그 중계 수수료를 받는다. 마치 부동산 중개 수수료와 비슷하다. 그래서 여행사는 전체 금액에 대해 세금계산서를 발행하지 않아도 된다. 손님이 여행사에 지불한 여행비를 항공사, 호텔, 보험사 등에 손님을 대신해 지불해 주기 때문이다. 여행사도 오직 중개 수수료인 수익에 대해서만 부가세를 내면 된다. 한국에 있는 여행사는 보통 각 나라에 현지 여행사를 이용한다. 현지 여행사를 랜드사라고 통칭하는데 한국 여행사가 각 나라의 현지 가이드, 버스, 호텔, 식당 등을 직접 연결하고 예약하는 것은 현실적으로 불가능하다. 이 때문에 각 나라에는 이 모든 현지 여행에 필요한 수배업무를 하는 현지 여행사가 이 일을 대신한다. 보통 현지에 거주하는 한국인이 현지 여행사를 차린다. 한국 여행사는 이 현지 여행사인 랜드사에 손님 행사를 맡긴다. 랜드사가 현지에 1~2개밖에 없는 나라는 한국 여행사에서 보내는 거의 모든 손님들을 그 1~2군데 랜드사가 행사를 진행한다. 한국에서 손님들을 보내는 여행사는 각기 다르지만 현지에서는 사실상 그 나물에 그 밥이다. 조건만 다를 뿐이다. 가끔 어떤 팀은 미팅 첫날 공항에서 가이드 한 명이 여러 한국에서 온 다른 여행사 손님들을 한데 묶는다. 저렴한 비용을 내고 온 손님들은 3성급 호텔에 5천 원짜리 음식, 비싼 비용을 내고 온 손님들은 5성급 호텔에 특식 등 가격에 맞는 조건과 포함, 불포함만 다를 뿐이다. 가이드는 동일하다. 한 명의 가이드가 여러 여행사에서 온 손님을 날짜별로 행사한다. A여행사 100만 원 상품과 B여행사 100만 원 상품은 여행사만 다를 뿐 행사 내용은 거의 비슷하다. 한국의 어느 여행사가 좋고 어느 여행사가 나쁘다는 것은 사실상 어불성설인 것이다. 한국의 여행사란 여러 물줄기가 현지 랜드사란 시냇물로 만날 뿐이다.

요즘은 여행사 홈페이지가 잘 되어 있어서 내가 가고자 하는 국가의 상품을 클릭하면 모든 일정과 정보에 대해 자세히 알 수 있다. 비슷한 상품이 많아 간혹 어떤 상품을 선택할지 몰라 나에게 문의해오는 손님이 있다. 그때마다 나도 어떤 상품을 소개할지 난감할 때가 있다. 일단 싸지 않은 상품을 소개시켜 준다. 저렴한 여행 상품은 현지에서 별도로 들어가는 비용도 많고 호텔, 식사 컨디션이 별로 좋지 않기 때문이다. 출발 전 여행사에 내는 여행비가 저렴하다고 아무거나 소개시켜 주었다가 괜히 나중에 원망을 들을 수 있다. 물론 다 그렇다. 각자 받아들이는 만족도가 달라서 그런 것이지 상식선을 벗어나는 싸구려 여행 상품은 다 그렇다.

요즘은 자유여행객을 위해 항공과 호텔만을 여행사에 예약하는 에어텔 상품이 많이 활성화되고 있다. 전문 여행사는 이런 손님들을 위해 전 세계를 오가는 항공과 전 세계에 있는 모든 종류의 호텔들을 싼 가격으로 구매할 수 있도록 정보를 제공하고 있다. 호텔만 전문으로 항공만 전문으로 해서 그 상품만을 팔고 있는 여행사도 많이 생겨났다. 이것도 자세히 들여다보면 손님과 서로 연결시켜 주고 중개 수수료를 받는 시스템이다. 각 항공사 홈페이지도 실시간 예약과 발권을 할 수 있게 갖추어놓았다. 여행사는 발권 수수료라고 해서 항공티켓 1명 예약하는 데 약간의 수수료를 받고 있다. 항공사 사이트에서 구매하면 수수료가 없으므로 어떤 때는 각 항공사 사이트로 들어가서 예약하면 여행사보다 저렴할 때도 있다. 간혹 프로모션 금액으로 일본 같은 경우 편도 1만 원짜리 항공권도 저가 항공사 사이트에 들어가서 살 수 있다.

여행사는 여행에 대해 모두 알고 있는 것 같지만 사실상 여행사는 정말 모른다. 알고 있는 길이 좁고 짧아서 조금만 비켜나도 모르는 길이 되고 만다. 지역이 워낙 광범위하기 때문이다. 많은 나라를 알고 있는 직원은 지식이 얕고 그 나라에 대해 자세히 알고 있는 직원은 그 나라밖에 모르는 경우가 많다. 여행 일정표에 있는 지역만 알고 해본 일만 안다. 그런데 손님들은 여행사 직원은 모든 것을 알고 있다 가정하고 많은 질문과 의문을 쏟아낸다. 그럴 때마다 본의 아니게 거짓말하는 경우가 있다. 손님 앞에서 모른다고 하기가 여간 힘들지 않다. 혹 여행자 직원에게 현지에 대해 물어봤는데 엉뚱한 말로 화제를 바꾼다면 현지에 대해 잘 모르는 것이니 더 이상 집요하게 질문을 하지 말기 바란다. 여행사 직원은 5성급 호텔 만찬장에 정장 입은 외국 손님들 사이를 운동화에 청바지를 입고 땀이 뒤범벅되어 뛰어다니며 손님들의 불편상황을 해결해줄 수 있는 기계의 윤활유와 같은 역할을 한다. 기계의 주요 부품은 아니지만 없으면 과부하가 걸려 기계가 고장 날 수 있는 상황을 만들지 않는다.

자유여행을 기획하고 이를 준비할 때는 여행사의 역할은 크지 않으나 외국 한번 나가보겠다고 결심한 어촌계 어르신들 모임에서는 여행사가 반드시 필요하다. 여행사는 상황에 따라 필요 없을 수 있으나 여행에서 필요한 존재임에 틀림없다. 찐 계란을 먹고 목이 막히는 상황에서 시원한 물 한잔 역할을 하는 것이 여행사다. 목이 막힐 때 물을 마시지 않으면 체할 수 있고 잘못하면 그 계란으로 하여금 탈이 나서 이후로 당분간 아무것도 먹지 못하는 상황이 발생할 수 있기 때문이다. 충분한 사전 준비 없이 여행사 없이 무턱대고 해외를 나가서는 여행을 망칠 수 있음을 꼭 기억하기 바란다.

3. 여권과 비자는 통행증이다

진정한 여행은
새로운 풍경을 보는 것이 아니라
새로운 눈을 가지는 데 있다.

- 마르셀 프루스트 -

여권과 비자를 헷갈려 하는 사람이 종종 있다. 여권은 우리나라에서 발급해주고 비자는 내가 가는 나라에서 발급해준다. 여권은 외국으로 여행 갈 때 가지고 다녀야 하는 본인 신분증이다. 나라마다 신분증이 다르니 세계 공통으로 만들어놓은 신분증이 여권이다. 이 여권에는 반드시 어느 나라를 막론하고 영문이름이 있어야 하고, 증명사진, 여권번호, 여권 만료일, 생년월일이 여권에 표기가 되어 있어야 한다. 여기에 우리나라 여권에는 여권 발급일과 주민번호가 추가되어 있는데 2020년 신규여권부터는 주민번호가 없어졌다. 가끔 손님에게 여권 사진 면을 사진 찍어서 SNS나 팩스로 보내달라고 하면 주민번호 뒷자리를 가리고 보내는 손님들이 있다. 우리나라 여권 밑에 여러 숫자들이 쭉 나열되어 있는데 거기에 주민번호가 또 쓰여 있는데 그건 안 가리고 보낸다. 여행사에서 해외여행자 보험을 가입하려면 반드시 주민번호를 알아야 한다. 또한 손님에게 무슨 일이 있을 때 손님을 확인시켜 주는 것이 이름과 주민번호이다. 개인정보 보호법에 따라서 여행사는 여행 후 모든 여권 정보를 바로 폐기해야 한다. 이것이 규정으로 되어 있다. 그러니 손님들은 안심하고 여권에 있는 주민번호를 가릴 필요가 없다. 그리고 여권을 여행사에 보내는 것을 크게 신상이 털리는 것처럼 행동하는 요란한 손님이 있다. 여행사도 여권을 걷기 싫다. 하지만 여권이 있어야 출발 전에 비자를 받을 수 있는 나라들이 있다. 또한 여권을 미리 걷어 손님들이 공항에 오기 전에 미리 비행기표를 받아놓으려고 하는 배려 차원도 있다. 그러니 여행사에서 여권을 보내달라고 하면 안심하고 즐거운 마음으로 우체국에 휘파람 불며 가서 등기로 보내주면 된다. 혹여나 잃어버리면 다시 발급받으면 된다. 여권 분실은 해외여행 나가서만 문제가 된다. 여행 나갔을 때만 여권을 신주 모시듯 잘 가지고 다니면 된다.

여권의 유효기간은 나라마다 다르다. 보통 5년, 10년 주기로 여권을 갱신해야 하는데 우리나라는 이제 특이한 경우를 제외하고는 성인이면 10년마다 갱신한다. 해외여행을 자주 나가는 나는 여권에 찍히는 스탬프 공간이 없어서 10년이 되기 전에 여권을 새로 발급받기도 한다. 여권 유효기간은 여권 만료일로부터 6개월 이상 남을 때만 해외여행이 가능하다. 공항에 만료일 6개월이 안 남은 여권을 가지

"20년 경력 현직 여행사 사장이 알려주는 여행 꿀팁"

고 가면 내가 타고 가는 항공사에서 비행기표 발급을 안 해준다. 목적지 나라에서 입국 거절당하면 해당 항공사에서 책임을 져야 하기 때문이다. 비행기표 발급이 안 되는 사유는 또 하나가 있다. 출국금지가 된 사람이다. 법원에서 출국금지 명령이 떨어진 사람만 출국이 안 된다. 그런데 가끔 손님들 중에 신용불량자인데, 빚이 많은데, 재판 중인데, 전과자인데 출국이 가능하냐고 물어보는 손님들이 있다. 모두 가능하다. 단 출국금지가 되어 있지 않다면. 중형의 죄를 지어 수배 중이지 않으면 출국금지를 당하는 사람은 없다. 나는 여태껏 수만 명을 여행 보냈지만 출국금지로 인해 공항에서 여행을 못 갔던 경우가 딱 1번뿐이었다. 그러니 걱정 말고 여행을 신청하면 된다. 여행사에서는 본인이 출국금지 대상자인지 알아봐줄 수 없다. 본인이 확인해야 한다. 여행사를 통해 간다면 여행사 직원들이 출발일 기준 6개월 안 남은 여권을 소지한 손님들에게 미리 이야기를 해준다. 만약 여행사로부터 그런 통보를 못 받았다면 여행사에 책임을 강력하게 물으면 일부 보상을 해주는 여행사도 있다. 이제껏 내가 모신 손님들에게 극소수이기는 하지만 그런 여권 유효기간 실수를 했을 때 적게는 10만 원 많게는 여행경비 전액을 보상해주었다. 규정에는 없지만 여행사에서 이런 건 기본업무에 해당되기 때문에 여행사 실수로 책임을 물을 수 있다. 그런 것 체크하게 하려고 여행사를 이용하는 것이다.

출발 당일에 부랴부랴 싸들고 온 큰 가방과 비행기 안에서 쓰려고 가지고 온 목 베개는 내 옆에 있는데 여권이 없거나 유효기간 때문에 공항에서 문제가 되어 출국이 불가능할 때 방법이 있다. 공항에서 단수 여권을 발급받으면 된다. 절차도 간단하고 1시간 정도면 나오기 때문에 공항에서 시간적 여유만 있으면 당황할 필요가 없다.

여권으로 인해 입국 거절하는 사례가 유효기간이 6개월 안 남아서 그런 경우도 있지만 여권이 훼손되어도 입국을 거절당할 수 있다. 내가 손님을 모시고 라오스 입국할 때의 일이다. 다른 여행사 손님을 모시고 온 인솔자가 이미 그레이션에서 통과를 못 하고 있었다. 여권 중간의 한 페이지가 찢어졌다는 이유였다. 내가 생각할 때는 별일 아니었지만 결국 그 인솔자는 입국 거절을 당하여 그날 타고 온 비행기로 다시 한국으로 돌아갔다. 밖에서 그 인솔자를 기다리고 있는 손님들은 인솔자 없이 여행하는 것에 걱정이 이만저만이 아니었다. 여권을 여행사에서 미리 걷는 이유도 여기에 있다. 가끔 여권을 옷 주머니에 넣고 세탁을 해서 여권이 훼손되었다든지 여권 사진 면에 이물질이 묻어 여권 정보가 잘 보이지 않을 때 입국을 거절당할 수 있다. 손님은 어느 정도 글씨가 보인다는 이유로 본인 혼자서 괜찮다고 결정 내리고 공항에 가지고 와서 문제가 된다. 이런 여권이 있을 경우 여행사는 여권 재발급을 손님에게 요청한다. 나도 이런 문제들로 여러 손님에게 여권을 다시 발급받으라 한 적이 많다.

여권이 신분증이라면 비자는 그 나라 입국허가증이다. 입국하려면 허가를 받아야만 들어갈 수 있는 나라들이 있다. 관광 비자를 받으면 체류 허가 기간이 있다. 짧게는 2주부터 3개월, 6개월까지 비자를 한 번 받아 그 나라에 있을 수 있다. 물론 비자가 필요 없는 나라들도 외국 관광객에 체류 허가 기간이 있다. 이 체류 허가 기간이 지나면 그 나라를 떠나야 하거나 비자를 받아야 한다. 우리나라는 많은 나라를 비자 없이 들어갈 수 있는 힘 있는 여행 강대국이다. 150개국 이상을 비자 없이 여권만 있으면 입국이 가능하다. 우리나라 패키지여행객이 워낙 많다 보니 한번 그 나라에 쏟아졌다 하면 개미 떼처럼 그 나라를 간다. 한번 한국인에게 유명해진 나라는 당분간 몇 년 동안 한국 사람들로 붐빈다. 그 나라 사람들은 한국 여행객을 좋아한다. 왔다가 빨리 돌아가면서 돈도 많이 쓰고 가니까. 터키, 스페인, 캄보디아, 다낭도 그랬다. 여행사와 항공사도 이런 동향대로 움직여준다. 항공 신규 취항 노선을 새로 만들고

여행 바로 알기

현지 여행사와 가이드도 늘어난다. 비자는 여행 출국 전에 받아야 하는 나라도 있고 그 나라 공항 가서 받아도 되는 나라도 있다. 나라별로 상당히 까다롭게 비자를 받는 나라도 있고 쉽게 신청만 하면 나오는 나라도 있다. 비자 받기가 하늘의 별 따기라고 했던 미국 비자도 지금은 인터넷으로도 신청이 가능하다. 몇 분만 시간 내면 쉽게 비자를 받을 수 있다. 우리나라와 국교가 수립되지 않은 나라일수록 비자 받기가 까다롭다. 남미의 볼리비아 같은 경우에 미리 비자를 받기 위해서는 황열병 예방주사 확인증과 은행 통장 잔고 증명서 등을 첨부해서 대사관에 여권과 함께 제출해야 출발 전 비자를 받을 수 있다. 비자는 대부분 수수료를 받는다. 대사관이나 입국할 때 비자 종류에 따라 적게는 15달러부터 150달러까지 다양하다. 보통 여행사 상품을 이용할 때 이 비자 비용을 포함하지만 불포함으로 해놓은 저가 여행 상품도 있으니 잘 확인해봐야 한다.

여행 가기로 결정했다면 여권 유효기간이 6개월이 남아 있는지 꼭 확인해야 한다. 여기서 중요한 것은 꼭 여행 출발일 기준으로 6개월을 계산해야 한다. 비자는 그 나라가 비자를 필요로 하는지 여행 가기로 결정한 날 체크하는 것이 좋다. 여권과 비자를 임박해서 체크하게 되면 여권 갱신과 비자에 필요한 서류들을 준비하는데 즐거워야 할 여행 준비가 스트레스로 변질될 수 있다. 심하면 한 사람의 여권 문제로 그 여행팀 전체가 여행을 포기하거나 미루는 경우도 발생되어 두고두고 원망을 듣게 된다.

4. 내게 맞는 여행 만들기

혼자 걸으면 더 빨리 갈 수 있다. 하지만 둘일 경우엔
더 멀리 간다.

- 아프리카 속담 -

여행은 본인이 원하는 대로 하는 것이 제일 좋다. 많은 뷔
페 음식이 놓여 있을 때 배를 채우는 음식은 한정되어 있는
데 음식이 너무 많다. 이때 본인이 무엇을 좋아하고 어떤 것
이 본인에게 맛있는 음식인지 알고 그것만 골라 먹는다면
결코 돈이 아깝지 않을 것이다. 그만한 값어치를 충분히 뽑
았기 때문이다. 여행도 본인이 원하는 스타일을 잘 찾아 하
면 된다. 시간의 탁자 위에 많은 여행 재료들이 놓여 있다.
여행객은 여기서 본인 취향에 맞는 코스를 골라 본인 입맛
대로 여행을 요리해 먹으면 된다. 그런데 여기서 문제는 어
떤 재료가 맛있고, 어떻게 해 먹을 줄 모른다는 것이다. 직
접 해 먹어봐야 알 수 있다. 맛없는 음식 또는 상한 음식을
잘못 먹어 탈이 나거나 기분이 상한다면 그 식당은 다시는
안 갈 것이다. 그래서 이 책이 필요한 것이다. 20여 년 넘게
여행 가이드, 인솔자, 대형 여행사 팀장을 거쳐 지금은 여행
사 대표로 여행사를 운영해오면서 겪은 경험을 바탕으로 본
인에게 맞는 여행에 대해 몇 가지 써본다.

첫째, 마음이 여유로울 때 여행 가라.

여기서 여유로움은 시간의 여유로움이 아니다. 마음의 여유로움이다. 아무 일 없는 평범한 날이 계속되고 그 속에 평화로움을 뜻한다. 본인에게 감정이 요동치고 불안한 무슨 일이 있을 때 여행 가면 안 된다. 그런 무슨 복잡한 일을 머릿속으로 정리하고 해결하고자 여행 가는 사람도 있다. 마음을 다잡으려고 가는 여행은 오히려 여행을 더 힘들게 할 수 있다. 갈 때는 좋았는데 돌아와서의 후유증은 남들보다 훨씬 더하기 때문이다. 또한 그 여행으로 해결 타이밍을 놓칠 수도 있기 때문이다. 혹 그런 사람을 위해 여행을 보내주려 한다면 여행보다는 그 무슨 일에 좀 더 집중하게 해서 그 일을 해결하고 난 다음 보내주면 더 뜻깊은 여행이 된다. 그러면 그것이 새로운 시작을 알리는 시발점으로서의 역할이 되기도 한다. 여행객은 한국에서 가져온 일로 바쁘면 안 된다. 가장 좋은 건 항상 혹처럼 달고 다니는 폰을 끄거나 놓고 오면 좋다. 여행 일정이 바쁜 건 상관없다. 그런데 마음이 불안하고 바쁘면 여행을 할 수가 없다. 그 어떤 종류의 여행도 조급하고 마음이 분주하면 아무것도 할 수 없다. 파란 하늘을 보며 파랗다는 생각이 들어야 하는데 파란 하늘을 보며 하늘이 노랗다고 하는 사람들이 간혹 있다. 그런 사람들은 같이 온 일행들까지 전염되게 한다. 대부분 해외에서 하는 통화는 안 좋은 일이나 해결되지 않은 일이 많다. 그런 일들로 일행들까지 힘들게 한다. 개인적 일이 바쁘고 문제가 있으면 여행하지 말고 바쁜 일을 해결해라. 그 일을 마치고 해야 한다. 선심 쓰듯 일행을 위해 여행을 따라왔다고 해도 다 불행해진다. 본인만 빠져주면 된다. 혹 본인이 빠지면 여행이 안 된다 하면 다음에 가면 되는 것이다.

둘째, 본인이 무엇을 좋아하는지 본인에게 물어보고 그에 해당하는 여행지를 가라.

산을 좋아하는데 바다로 간다든가, 밤 문화를 좋아하는데 밤이 위험해 어디든 나갈 수 없는 나라로 간다든가 하면 안 된다. 산을 좋아하면 중국 명산이 많은 지역으로 가야 하고, 밤이 좋으면 쇼도 볼 수 있는 동남아 태국 지역으로 여행을 가야 한다. 빵이 좋은 이유 하나만으로도 유럽을 택해 가는 사람도 있다. 다른 것은 다 별로인데 빵 맛이 좋다며 행복해한다. 간혹 일행이 있을 때 서로 취향이 달라 여행지 선택에 어려움이 있을 때가 있다. 일반 사회에서 말하는 정답은 한발씩 양보해 적당한 곳으로 가라인데 그러면 서로가 안 좋다. 내가 싫은 지역은 여행을 안 가는 것이 좋다. 더운 것을 싫어하는데 여행 내내 땀만 흘리고 다닌다면 내내 짜증만 난다. 말 그대로 고생하러 온 여행이 되고 만다. 그러나 어쩔 수 없이 내가 가고 싶지 않은 지역으로 여행 갈 상황이 닥친다면 뭔가 내가 좋아하는 것을 찾아보는 것이 더 좋다. 분명 한 가지 이상 기다리고 있다. 예를 들어 더운 것이 싫은데 땀을 흘리며 여행 다닌다면 시원한 쇼핑점이나 마사지를 할 수 있는 곳을 일정에 추가하거나 물놀이를 일정에 함께 넣어 내가 화가 날 때쯤 식혀주는 것이 좋다.

셋째, 여행 일정은 일행들에게 꼭 상의하여야 한다.

패키지여행이면 여러 여행사 상품이 서로 대동소이하다. 그래도 여행사별로 포함, 불포함, 호텔 등급, 여행 코스 등이 서로 다르다. 이 다른 점 2~3가지를 일행들에게 설명한다. 그런 다음 가장 선호하는 상품을 서로 상의해서 선택한다. 만약 한두 사람이 임의로 여행 상품을 선택하게 되면 문제가 생긴다. 여행은 좋았는데 비쌌다고 한다든가, 싼 것이 비지떡인데 왜 이런 상품을 골랐냐고 한다. 또는 다른 사람들은 더 싸고 좋게 다녀왔다던데 너는 대체 뭘 보고 이 상품을 고른 거냐 하는 등 동의를 구하지 않은 여행 상품은 분명 문제를 야기한다.

자유여행은 단체로 가서는 안 된다. 10명 이상의 단체면 반드시 여행사를 통해서 가기를 권장한다. 시간, 비용 대비 단체 자유여행은 득보다 실이 크다. 자유여행 코스는 처음부터 일행들에게 여행지에서 하고 싶은 것과, 먹고 싶은 것, 보고 싶은 것을 물어보고 그것들을 취합해서 여행 일정에 넣으면 좋다. 몇 번 그곳을 가보지 않는 한 시중에 나와 있는 여행 책자를 참고하더라도 여행지에 대한 정보와 지식이 한정적이다. 그래서 일행들은 주최자에게 모든 일정을 맡기는 경우가 많다. 이럴 때 주최자는 여행 일정을 만들어 일행들에게 설명해주는 것이 좋다. 그러면 자연스레 일정에 대한 정보도 전달이 되고 하고 싶은 것과 하고 싶지 않은 것에 대한 의견도 나와서 문제가 될 것들이 걸러진다. 자유여행은 이동시간, 여행지 관람시간이 많이 걸린다. 반면에 패키지여행은 전용차량과 기사가 바로 앞에서 대기하고 바로 출발하고 여행지에서도 시간을 가이드가 통제한다. 이러한 특성이 있으므로 자유여행에서 빡빡하게 하루 일정을 잡으면 안 된다. 대신 숙박 일수를 패키지여행보다 더 늘려보라. 예를 들어 일본 온천을 간다면 패키지는 3박4일을 잡으면 자유여행은 같은 일정으로 4박5일을 잡으면 된다. 자유여행이 시간적으로 비용적으로 더 들어갈 수 있지만 재미는 더 있다. 여행은 어차피 쉬러 가는 것이 아니라 재미를 느끼려고 하는 것이기 때문에 소규모 인원이고 안전상 문제만 없다면 자유여행도 해볼 만하다.

우리가 입는 옷도 나에게 맞아야 잘 어울린다. 나에게 잘 맞는다는 것은 남들이 결정해주는 것이 아니다. 거울에 비친 내 모습이 다른 사람들이 감자같이 보인다 말해도 내가 보기엔 거울 저 건너에 원빈이 나를 보고 있다면 누가 뭐라 해도 그 옷을 입는 것이다. 다른 사람들이 맛이 별로 라고 하는 이 과자 맛이 좋다. 그러면 그 과자를 자주 사 먹기 마련이다. 여행도 마찬가지다. 남들이 내 여행에 대해 왈가왈부해도 내가 좋으면 되는 것이다. 그러니 남들이 이런 여행을 가라, 저런 여행을 가라 해도 내가 가고, 하고 싶은 여행을 해야 다녀와서도 후회가 없다. 혹 여행지에서 문제가 생겨도 감당이 된다. 남들이 추천해준 여행지를 갔다가 문제가 생기면 그 추천해준 사람만 원망하게 된다.

Part 2

영원히
기억에 남을
여행 만들기

1. 여행 복장

단지 도착만을 하기 위한 여행이라면
그 여행은 불쌍한 여행이다.

- 아서 콜턴 -

여행 복장은 무엇보다 날씨에 맞게 입어야 한다. 여행 장소와도 잘 어울리는 복장이 좋다. 어깨가 파인 하얀색 드레스를 입고 손에 호미를 들고 밭에서 일한다든지, 뜨거운 햇살 아래 완전군장을 한 군복을 입고 수영하는 것은 상황에 맞질 않다. 여행 주류는 50~60대 여성들이다. 그들은 원색과 꽃무늬로 치장한 옷으로 공항을 물들인다. 이 또래 남성들은 등산복이 많다. 전 세계 어딜 가든 실내에서도 밤에도 계속 멋진 선글라스를 끼고 있는 중년 여행객은 대부분 한국 사람들이다. 한국인, 일본인, 중국인을 서양인이 보면 비

숫하게 생겨 국적 구분을 못 하는 경우가 많다. 심지어는 뽀글뽀글 파마를 하고 있는 비슷한 외모의 한국 아줌마들을 보고 쌍둥이라고 말하는 서양인도 봤다. 우리가 서양 사람들을 보면 어느 나라 사람인지 구별 못 하듯 외국인 눈에도 그렇게 보이나 보다. 나는 이런 여행객들에게서 국적을 구별하는 몇 가지 특징을 발견했다. 한국 여자는 화장이 진하고 옷 색깔이 원색이며 금방 미장원에서 머리를 하고 나온 것처럼 머리에 신경을 많이 썼다. 본인 사진을 많이 찍고 끼리끼리 다닌다. 일본 사람 옷차림은 수수하다. 풍채는 세련되었지만 화려하지 않다. 다 같이 모여 다니며 노년층이 많다. 사진은 많이 찍지 않고 본인보다는 풍경 위주로 찍는다. 중국 남자는 대부분 머리가 짧다. 중국 여자는 머리가 생머리이고 화장은 거의 하지 않았다. 화장을 한 중국 여자는 대부분 홍콩이나 대만 사람이다. 장소에 맞질 않게 옷을 입은 중국 사람도 종종 있다. 산에서 양복 입은 사람과 하이힐 신은 여자들도 간혹 보인다. 중국 단체여행객은 대부분 동일한 모자를 쓴다거나 같은 색깔 복장을 하고 앞에는 깃발을 든 가이드가 있고 줄 서서 다닌다. 20~30년 전 한국 해외여행 스타일을 중국이 그대로 따라 하고 있다. 일본의 경우 단체여행은 노인들이 많고, 젊은 사람들은 개별여행이 주종이다. 앞으로 20년 후 우리나라 여행이 이런 모습일 것이다.

"20년 경력 현직 여행사 사장이 알려주는 여행 꿀팁"

전 세계 관광지의 길거리 상인들은 화려한 복장의 한국인을 제일 좋아한다. 그 많은 사람들 중에 한국 사람을 잘도 골라낸다. 아니 그 상인들은 어쩌면 가장 골라내기 쉬운 여행객이 한국 사람일 수도 있겠다. 화려한 원색의 옷을 입고 선글라스를 끼었거나, 등산복을 입고 양산을 쓰고 있으면 한국 사람이다. 상인들은 그런 한국 사람들을 보면 엄청난 호객행위를 한다. 눈길만 한번 주었을 뿐인데 그것을 어찌 알고 그렇게 달라붙는지 신기하기까지 하다. 심지어는 근처에 있는 다음 여행 목적지까지 오토바이를 타고 따라온다. 그러면 한국 사람들은 마지못해 정에 이끌려 물건을 산다. 현지 상인들은 이런 한국 사람들의 심리를 잘 이용한다. 일본, 중국 사람들은 눈길조차 주지 않는다. 중국 사람은 상인에게 싫다고 큰소리까지 지른다. 반면에 정이 많은 한국 사람들은 그 물건이 필요한지는 집에 가서 생각하면 된다.

복장으로 인해 여행지에서 겪은 사례들을 보면 좋은 점과 나쁜 점이 공존한다. 한번은 내가 인솔자로 서유럽에 갔었을 때 일이다. 손님 연령층은 50~60대 아줌마들로 서울, 경기에 사는 분들이었다. 전 세계 관광객들로 발 디딜 틈도 없는 로마의 트레비분수 앞에서 우리 일행을 잃어버려 찾아 헤맨 해프닝이 있었다. 우리 일행이 아닌 다른 팀 한국인 아줌마가 계속 우리를 따라다녔던 탓에 다른 일행이라는 것을 한참

뒤에야 알았다. 비슷한 복장에 선글라스를 끼면 그 사람이 그 사람 같아서 얼굴까지 확인 안 한 것이 화근이었다. 그 사실을 알고 나서 가이드와 함께 주위를 찾아 나섰는데 전 세계인이 섞인 그 분수 주변에서 어렵지 않게 그 잃어버린 한 사람을 구별해내었다. 복장이 한국 사람 복장이었기 때문이다. 원색 무늬의 옷에 선글라스를 끼고 잘 다듬어진 머리에 양산을 쓴 손님. 그때 복장으로 인한 장단점을 알 수 있었다. 전에 인도를 11일 동안 갔었을 때도 기억난다. 그 손님은 옷에는 그다지 신경 쓰지 않았다. 신발에만 유난히 신경을 쓰시는 분이었다. 매일 밤마다 내일 신발을 뭘 신어야 편한지 물어봤다. 보통 신발은 한 켤레는 신고 한 켤레 정도는 가방에 담아오는 것이 보통인데 그 손님은 다음 날 보면 신발이 어제와 바뀌어 있었다. 신기했다. 어쩌면 그렇게 신발이 매일 바뀔 수 있지? 나중에 여쭈어보니 신발이 가방 속에 7켤레가 들어 있었다. 그 가방은 인천공항에서 무게 오버 때문에 한참 실랑이를 벌였던 주인공이었다.

손님들을 모시고 현지에 가면 호텔이 바뀔 때마다 시설 이용방법과 혹여나 문제가 있는지 해서 손님방에 들어가서 직접 설명을 한다. 그때 짐정리를 위해 펼쳐놓은 손님들 가방 안을 힐끗 보면 옷이 70%다. 거의 옷으로 가득 차 있다. 가방은 옷을 담기 위해 가져오는 것이 맞는 말이기도 하다. 매일 패션쇼를 하듯 옷을 갈아입고 신발을 갈아 신고 하면서 여행 만족을 느낀다. 우리나라 소비층 주류이면서 패키지여행 주류인 아줌마들의 가방 안에서 옷과 신발을 뺀다면 배낭만 들고 10일을 여행 다녀도 불편하지 않을 것이다. 전 세계를 여행 다니는 배낭족들이 큰 가방 없이 배낭만 메고 다녀도 불편함이 없는 것이 이 때문이다. 여행 만족도를 높이기 위해서는 복장도 중요하다. 하지만 그 복장이 여행에 불편을 주어서는 안 된다. 또한 그 복장으로 인해 다른 사람에게 눈살을 찌푸리게 해서는 안 된다. 바다로 스노클링 하러 가는데 젖으면 안 되는 복장을 입고 나온다면 일행에 불편함을 준다. 마치 지하철에서 애정행각 하는 커플을 보는 것과 같다. 많은 무리 속에 섞여도 티나지 않고 움직이기 편한 복장이 여행 복장이어야 한다. 등산복, 스키복처럼 여행복이라고 해서 따로 정해지지 않았다. 그래서 옷가게에도 여행복을 따로 판매하지 않는다. 각자의 스타일이 있기 때문이다. 하지만 여행 복장은 따로 있음을 명심하기 바란다.

여행 시 복장은 날씨와 가장 밀접하다. 출발 전 가방에 넣는 옷을 준비할 때 현지 온도를 알면 좋다. 요즘은 인터넷으로 출발 하루 전이나 이틀 전에 현지 날씨를 대략 알 수 있다. 그 나라가 여름이라 하더라도 얇은 바람막이 점퍼를 준비하면 좋다. 버스나 실내에서 에어컨을 틀어 춥다거나, 아니면 비바람이 불면 체감온도가 떨어지기 때문이다. 요즘은 이상기온으로 평소 기온과 맞지 않을 때가 있다. 또한 복장은 햇빛과도 밀접한 관계가 있다. 햇빛을 싫어하는 사람도 있고 그리워하는 사람도 있다. 우리나라 사람들은 대부분 햇빛을 싫어한다. 햇빛 때문에 땀을 많이 흘리는 나라는 면소재의 얇은 옷이 좋다. 그렇다고 햇빛에 피부가 직접적으로 많이 노출되는 옷은 가급적 피해야 한다. 햇볕에 살이 타기 때문이다. 피부가 예민한 사람들은 가끔 햇빛 알레르기로 고생한다. 양산을 준비해서 펴고 다니는 여자 손님이 간혹 있다. 양산은 본인은 편할지 모르나 양산 끝 뾰족한 부분으로 남의 머리나 눈을 찌를 수 있고, 많은 인파가 몰리는 곳에서는 공간을 차지하게 되어 다른 사람들에게 피해를 줄 수 있다. 사람 많은 곳에서는 되도록 사용하지 않는 것이 좋다. 대신 챙이 큰 모자 또는 평소에 써보고 싶었는데 한국에서는 민망해서 써보지 못했던 모자를 쓰면 된다. 햇빛에는 선글라스, 선크림도 필요하다. 선글라스는 너무 진한 색보다는 옅은 색이 좋다. 우리나라 사람들은 선글라스를 햇빛 때문에 쓰는 경우도 있지만 멋을 위해 쓰는 경우가 더 많다. 그래서 언제나 사진 찍을 때는 선글라스를 착용하고 찍는다. 잘 때만 빼놓고 계속 선글라스를 낀다. 심지어 본인이 어두운 동굴 속에서 선글라스를 끼고 있는 것을 몰라 너무 안 보인다 한 적도 있다. 가끔 선글라스 벗은 손님 모습을 보고 내가 몰라볼 때도 있다. 어디에서나 써야 되는 선글라스가 짙으면 그만큼 어둔 곳에서는 위험하다. 몇몇 손님들이 그런 선글라스를 끼고 다니다 바닥 턱이 있는 것을 몰라 넘어지는 사례들도 종종 지켜보았다. 선글라스는 저렴한 것이 좋다. 여러 곳을 정신없이 이동하다 보면 선글라스를 놓고 오는 경우가 있기 때문이다. 이때 다시 가보면 내 선글라스는 이미 새로 만난 주인 눈에 쓰여 있다. 찾지도 못하는 비싼 선글라스를 여행 내내 찾아달라 애걸복걸해도 결국 못 찾는 경우가 대부분이다.

선크림은 로션 같은 액체가 있고, 비누처럼 피부에 문지르거나 스프레이처럼 뿌리는 것이 있다. 경험상으로 보면 땀이 많이 나면 모두 효과가 떨어진다. 다 흘러내린다. 선크림이 땀과 함께 눈에라도 흘러내리면 따갑기까지 한다. 선크림을 어느 것으로 선택할 건지의 기준은 바닷가인지, 수영장인지, 더운 곳인지 그런 것보다 본인에게 어느 것이 바르기에 편한지를 봐야 한다. 어차피 더운 곳에서 햇빛 때문에 바르는 거라면 땀을 흘리게 되어 있다. 그 땀이 선크림과 함께 얼굴에 흘러내렸을 때 덜 찝찝하고 다시 바르기 편한 선크림이 본인에게 맞는 것이다. 여러 번 바르면 어느 선크림이든 자외선 차단 효과는 있다.

복장 중에 신발이 제일 중요하다. 신발은 일단 걷기 편해야 한다. 가끔 여행 일정 중 산행 코스가 있다 해서 등산화를 신고 오는 손님들이 있다. 등산화는 산에서만 편하지 다른 곳은 안 편하다. 그런데 등산화 신은 손님들 중 등산화가 어디서나 제일 편하다 하는 분들이 있다. 그분들은 여행 중에 더 편한 신발을 안 신어본 사람들이다. 신발은 어디서나 장시간 걸어도 편해야 한다. 그게 산이든 백화점이든 광장이든 편해야 한다. 신발이 본인에게 편한지는 벗는 횟수를 보면 알 수 있다. 앉아 있을 때 틈만 나면 어디서든 신발에서 발을 빼어놓는 사람들은 신발이 편하지 않은 것이다. 신발은 걸을 때도 편해야 하지만 가만히 앉아 있을 때도 편해야 한다. 아침에 호텔에서 신고 나오면 저녁에 호텔 들어갈 때까지 벗지 않아도 불편하지 않은 것이 편한 신발이다. 그것이 어떤 사람에게는 운동화가 될 수 있고, 슬리퍼가 될 수 있고, 구두도 될 수 있다. 신발을 신었는데 발이 아파 발을 쉬게 해주려고 신발을 벗는다면 주인을 잘못 만난 신발이다. 나는 해외 출장 갈 때 몇 번 신지 않은 운동화를 신고 간다. 가끔 낙후된 후진국에 손님을 모시고 다닐 때 유독 열심히 일하는 현지인 직원들이 있다. 하루 2만 원도 안 되는 돈을 벌기 위해 열심히 일하는 친구들을 보면 당장 버려도 이상하지 않을 만큼 낡은 슬리퍼를 질질 끌고 다니는 친구들이 있다. 그런 친구들한테 언제라도 나는 신발을 벗어준다. 발 냄새 나지 않는 신발을 벗어주려고 출장 갈 때면 되도록 새 신발을 신고 간다. 만약 내가 그 친구들에게 고생의 대가로 돈을 몇 달러 더 주었다면 아마 그 친구는 필요한 누군가를 위해 그 돈을 쓸 것이다. 결코 내가 준 운동화는 사지 못할 것이다. 다시 말해 그 친구는 내가 신발을 주지 않는 한 그 나이에 그 운동화를 신어볼 기회를 갖지 못하게 될 것이다. 그래서 나는 돈 대신 그 친구를 위한 나만의 선물을 준다. 나는 어디서든 싸게 파는 슬리퍼 하나를 사서 신으면 그만이다. 만약 내가 한 번도 신지 않은 새 운동화를 주었다면 그것 역시 다른 사람에게 줄지도 모른다. 내가 신던 신발을 주는 가장 큰 이유는 남이 신었던 신발만큼은 누구에게 주지 못하기 때문이다. 어떤가, 나의 행동이? 혹 이 책을 읽고 있는 독자들도 어느 나라를 여행하고 있을 때 현지인에게 감사한 마음에 단지 돈 몇 푼을 주는 것만으로 마음이 시리다면 이런 본인의 체취와 정성이 담긴 그 어떤 무언가를 주는 것도 좋은 추억이 되지 않을까! 어쩌면 사랑과 정성이 담긴 나의 물건을 받은 잘생긴 현지인 총각도 평생 가슴앓이 하며 그 자리에서 나를 기다리고 있지 않을까!

2. 여행도 색깔이 있다

여행과 장소의 변화는
우리 마음에 활력을 선사한다.

- 세네카 -

매년 인구의 절반 정도는 해외를 나간다. 물론 이 중에는 해외를 2회 이상 다녀온 사람들도 포함되어 있지만 여행객 숫자로만 본다면 우리나라는 전 세계에서 해외여행을 제일 많이 가는 나라가 아닐까 싶다. 항공 운항 스케줄이 전 세계에서 가장 많은 구간이 김포에서 제주도를 오가는 노선이라는 것도 그것을 증명해준다. 이처럼 여행은 많은 사람들이 틈만 나면 가고 있다.

여행은 목적, 장소, 동반자에 따라 그 색깔이 나뉘고 그에 맞게 여행을 선택해야 한다. 가족여행, 신혼여행, 성지순례, 골프여행, 산악회, 세미나, 친목, 해외 출장 등 많은 색깔별로 여행을 나눌 수 있다. 신혼여행은 달콤함과 황홀함으로 표현할 수 있는 빨강색, 가족여행은 훈훈한 정이 있어야 하니 노랑색, 산악회는 푸른 산을 표현할 수 있는 녹색. 이렇듯 여행 특성에 따라 그 색깔도 달리 표현한다. 색깔이 주는 느낌대로 그 성격에 따라 가는 곳도 정해야 하고 준비물도 달리해야 한다. 목사님과 성도들이 함께 하는 기독교 성지순례를 푸켓으로 갈 수 없는 일이다. 또한 지팡이 들고 등산화를 신은 산악회 모임이 하와이 와이키키 비치에서 수영복을 입은 채로 있다면 어울리지 않는다. 그만큼 모임 특성 따라 여행 목적지가 중요하다. 여행 계획을 세울 때는 어떤 성격의 단체인지 먼저 확인하고 여행지를 선택해야 한다.

1) 가족여행

가족여행은 무엇보다 조심해야 할 것이 있다. 그것은 상호 배려이다. 즉 챙겨줘야 한다. 가족여행을 함으로써 가족 간의 사랑을 쌓고 그동안 서운했던 일들을 풀어야 하는데 오히려 가족 구성원이 싸우는 사례를 많이 지켜보았다. 유달리 다른 어떤 팀보다 많이 싸우고 삐치고 하는 팀이 가족 팀이다. 아마 기대수치가 높아서인 것 같다. 대부분 조그만 배려를 하지 않은 것에서 보통 싸움이 시작된다. 호텔 아침 식당에서 한쪽은 밥을 늦게 먹고 한쪽은 밥을 빨리 먹어 싸우고, 같이 걷지 않고 먼저 간다 싸우고, 다른 사람들 앞에서 내 흉을 보았다고 싸운다. 이처럼 가장 분위기 좋아야 할 가족여행이 최악의 여행이 되는 사례들이 있다. 해결책은 반드시 남자가 져야 한다. 여자끼리 가는 가족여행은 싸우는 법이 없으니 말이다. 보통 가족여행은 남자보다는 여자를 위해서 간다. 어른보다는 아이를 위해서 가고, 나이 드신 부모를 위해 간다. 이때 여행을 주최하고 여행비 대부분을 낸 주도자가 대부분 아빠, 아들, 남편이다. 이 사람의 역할이 제일 중요하다. 일단 이 사람은 여행 내내 "나는 하인이다" 생각하고 가족을 챙겨야 한다. 온 집안 짐을 혼자 들어야 한다. 여행 중에 들어가는 모든 추가비용을 계산해야 한다. 안 좋은 분위기를 예쁜 짓을 통해 웃게 만들어야 한다. 빨리 가고 싶어도 걸음을 맞춰줘야 하고 뭐든 하기 싫어도 해줘야 한다. 그래야 시간 들이고 돈 쓰고 한 여행이 헛되지 않는다. 여행 다녀와서 몇 년을 우려먹을 원망을 듣지 않는다. 다시 한번 정리하면 가족여행은 가족 간의 분위기가 제일 중요하다. 분위기는 남자가 만든다. 남자는 좋은 분위기 조성을 위해 할 수 있는 예쁜 짓은 다 해야 한다.

2) 신혼여행

신혼여행은 보통 일생에 단 한 번밖에 없는 여행이다. 부부의 일생을 본다면 신랑이 신부를 위해 최선을 다해야 할 시기가 2번 있다. 첫째는 임신 10개월 기간이고, 둘째는 신혼여행 기간이다. 이 여행도 넓은 의미에서 본다면 가족여행이다. 그러므로 기본적으로 신랑은 신부를 위해 밤낮으로 최선을 다해야 한다. 여행지도 중요하다. 일단 신부에게 신혼 여행지를 택하게 하는 것이 좋다. 대부분 신혼여행은 바다를 낀 휴양지로 많이 간다. 요즘은 유럽으로 배낭을 둘러 메고 가는 신혼여행도 많이 볼 수 있다. 무조건 신부에게 좋은 추억을 만들어줘야 한다. 그러기 위해서는 부부의 특성에 맞게 신혼 여행지를 선택하는 것이 좋다. 부부의 특성이라고 해서 신랑 의견이 들어가는 것은 아니다. 신부 의견을 전적으로 신랑은 따라야 하는 것을 말하는 것이다. 신부가 걷고 땀 흘리고 이리저리 옮겨 다니는 걸 싫어하는데 유럽으로 신혼여행 간다면 평생 신랑은 원망을 들을 것이다. 신부가 보는 것과 체험을 좋아하는데 한적한 바다가 보이는 리조트로 신혼여행 간다면 이 또한 신랑은 많은 원망을 들을 것이다. 내가 태국에서 가이드 하면서 허니문 철이 되면 많은 신혼여행객을 손님으로 맞이하였다. 많을 때는 한 번에 허니문 10쌍을 버스에 태우고 투어 한 적도 있다. 이 허니문 여행의 특징을 가이드 입장에서 본다면 오래된 커플과 금방 된 커플로 구분할 수 있다. 오래된 커플은 주위 관광지에 관심이 많은 반면 금방 된 커플은 서로에게 관심이 많다. 금방 된 커플은 대부분 첫 선을 보고 초고속으로 결혼한 나이 많은 커플들이 많다. 투어를 하다 보면 이 금방 된 커플들은 거의 하루 종일 안고 다닌다. 오랜 연애를 하고 결혼한 커플들은 보는 것 위주이며 **빡빡**한 일정이 있는 코스가 좋다. 유럽이나 일본, 중국 등 패키지투어에 합류하여 여행해도 좋을 것 같다. 반대로 금방 된 커플들은 둘이 있는 것만으로 좋기 때문에 휴양형 여행을 하면 좋다. 경치가 좋고 바다를 낀 동남아 휴양지와 옷을 최소한의 것만 걸쳐도 되는 여름 날씨인 나라로 패키지여행보다는 자유여행을 추천한다.

3) 성지순례, 산악회, 친목 등의 여행

가족여행과 신혼여행을 제외하고는 대부분 일행이 친척 관계가 아니다. 그래서 소위 나만 잘하면 된다. 이런 여행에서 가장 중요한 것은 주최자가 잘해야 한다. 주최자는 여행지와 여행사를 선택한다. 또는 그에 맞는 가격 선택을 한다. 여행이 재미가 없거나 여행 중에 문제가 생긴다면 대부분 주최자를 원망한다. 심하면 그 모임에서 다음 여행은 없다. 그러므로 주최자는 여행에 대해 많이 알아야 한다. 또한 여행지 결정과 출발 날짜, 가격에 충분한 의견수렴이 필요하다. 주최자는 인터넷 또는 매체를 통해 기본지식을 습득하고 난 다음 여행사에 연락해야 한다. 무작정 여행사에 연락하게 되면 여행사 직원의 화려한 말솜씨로 직원이 추천하는 곳으로 손님들이 갈 가망성이 크다. 성지순례는 대부분 스님, 목사님, 신부님이 주최자이다. 신도들은 이 주최자가 하자는 대로 따라가는 것이 보통이다. 신도들은 여행에 대해 이러쿵저러쿵 이야기하지 않고 마음으로 삭이기 때문에 무엇보다 성지순례는 주최자가 여행지와 날짜를 잘 선택해야 한다. 그래야 그 성지순례가 원만하게 이루어지고 다음 성지순례로 이어질 수 있다. 그러면 성지순례에 참여한 신도들은 그 사찰, 교회, 성당의 열렬한 신도가 된다. 산악회, 동창회 등의 여행은 대부분 많은 회원 가운데 일부분만 참여하게 된다. 그러므로 많은 회원들을 참가시키려면 일단 가격이 저렴하고 일정이 짧아야 참여율이 높고 만족도도 높다. 만족도를 높여야 입소문이 나서 다음 모임에서도 여행을 지속할 수 있다.

이렇듯 여행은 단체의 특성에 따라 그 색깔에 어울리는 조건들을 체크하고 선택해야 한다. 일반적으로 하늘은 파란 하늘을 생각하는데 하늘을 검은색으로 그려놓고 어두운 밤하늘이라 그렇다고 표현하면 이상한 그림이 된다. 신혼여행인데 중국으로 배를 타고 가는 여행을 선택하여 첫날밤을 흔들리고 멀미하는 다인실 배 안에서 보낸다면 이상한 여행이 되는 것처럼 말이다.

3. 내게 맞는 가이드

여행할 목적지가 있다는 것은 좋은 일이다.
그러나 중요한 것은 여행 자체다.

- 어슐러 K. 르귄 -

가이드는 여행의 꽃이라고 표현할 만큼 중요한 사람이
다. 나도 한때 5년간 현지 가이드를 하면서 그런 생각을 많
이 했다. 내 기분에 따라 손님 기분도 달라진다는 것을 느
꼈다. 내가 신이 나면 손님도 신이 났고, 내가 우울하면 손
님도 우울해했다. 손님은 가이드를 그대로 따라 한다. 뭐든
시키는 대로 하는 것이 손님이다. 앉으라면 앉고 서라면
선다. 해외에서 오직 의존할 데가 가이드밖에 없기 때문에
가이드 말을 전적으로 믿는다. 그런데 이 가이드 기분은
손님이 만든다. 손님이 가이드를 즐겁게 하면 가이드는 즐
겁고, 손님이 가이드를 화나게 하면 가이드는 화를 낸다.
가이드를 움직이는 리모컨은 손님이 쥐고 있다. 정리하면
가이드와 손님은 서로 의존적이고 상호 협조적이어야 한
다. 가이드 시절 손님들이 매일 같은 여행지를 가이드 해
서 지겹지 않느냐고 자주 물어본다. 나는 그때마다 같은
마트에 가서 물건을 사면 지겹지 않느냐고 반문한다. 가이

드는 같은 장소를 안내해도 지겨울 새가 없다. 손님이 매번 바뀌기 때문이다. 가이드는 똑같은 시간대에 똑같은 장소에서 똑같은 말을 한다. 그런데 손님들의 반응은 다 다르다. 정말 좋은 반응으로 호응해주는 손님 앞에서는 하나라도 더 설명해주고 싶고 더 웃겨주고 싶다. 반응이 없고 불평만 말하는 손님 앞에서는 딱딱하게 해줄 말만 한다.

여행사를 이용하는 손님들 중에 항상 나는 이상한 가이드만 만난다고 하는 사람이 있다면 그것은 그 사람에게 문제가 있는 것이 대부분이다. 이상하게 얘기하니 가이드도 이상하게 답변해준다. 가이드도 사람이다. 부처가 아닌 이상 감정을 다스리지 못하고 화가 나면 표출하게 되어 있다. 모든 사람이 그렇겠지만 가이드도 단순하다. 여행 목적은 즐거움을 얻기 위해서다. 그 즐거움을 가이드가 좌우한다면 가이드를 즐겁게 해주면 된다. 가이드를 즐겁게 해주려면 내가 즐거우면 된다. 내가 즐거우니 표정과 말투가 좋고, 그 좋은 말을 가이드가 들으니 가이드도 즐거울 것이다.

가이드는 여행사를 대표한다. 손님은 모든 여행에 관한 스케줄, 요금, 조건 등은 사전에 맞추고 여행을 온다. 가이드는 그 일정, 조건에 따라 손님을 그대로 안내한다. 어쩌면 가이드는 가수와 같다. 미리 만들어놓은 작사, 작곡한 곡을 노래로 부르기만 하면 된다. 여기서 작사와 작곡도 중요하지만 무엇보다 노래를 잘해야 한다. 그래야 노래가 인기를 얻는다. 여행도 스케줄과 조건도 중요하지만 무엇보다 매일매일 이루어지는 일정 진행이 중요하다. 이 일정 진행에 가장 중요한 가이드는 어떤 가이드가 좋을까? 답은 손님 하기 나름이다. 앞에서도 언급했듯이 잘해줘야 잘해준다. 가이드는 서비스직이고 손님은 서비스의 대가를 지불했다. 그래서 손님은 서비스를 받을 권리가 있다. 가이드가 봉사 정신으로 헌신하며 어떠한 환경에서도 손님을 최선을 다해 재미있게 해준다는 것은 사전적 의미이다. 현실은 매번 여행을 다녀오면 가이드가 이래서 저래서 불만이라는 불평 글이 많다. 가이드에게 좋은 서비스만을 받고자 한다면 불만은 누구에게나 있을 것이다. 앉으라면 앉고 서라면 서는 손님이 가이드에게 충분한 서비스를 받을 수 있을까? 우리나라 여행 패턴은 가이드에게 손님이 생각하는 그런 서비스를 받을 수 있는 시스템이 아니다. 내가 먹고 싶은 음식이 있다면 그 식당으로 안내해주고, 가고 싶은 곳이 있다면 그곳으로 안내해주고, 사고 싶은 것이 있다면 그 물건을 파는 곳으로 안내해주는 것이 가이드다. 우리 가이드 시스템은 이런 것과 거리가 멀다. 먹고 싶지 않아도 가이드는 예약된 식당으로 안내해준다. 더워서 가기 싫은 장소도 가이드는 일정에 따라 안내해줘야 한다. 원하지 않는 쇼핑점도 일정에 따라 들러야 한다. 현지에 도착해서 한국 가는 비행기를 탈 때까지 모든 일정은 가이드가 진행

한다. 이런 환경에서는 가이드에게서 만족할 만한 서비스를 받을 수 없다. 나는 여기서 가이드가 되고 싶은 꿈나무들에게 좋은 가이드 자질에 대해 얘기해보고 싶다.

첫째, 가이드는 약간 뺀질이가 좋다.

점잖은 가이드는 손님에게 재미가 없다. 만약 뺀질이 성격이 아니라면 손님들 앞에서는 뺀질이가 되어라. 최악의 상황에서도 손님들의 기분을 업 시켜줄 수 있어야 한다. 비가 온다, 차가 막힌다, 줄을 많이 서야 한다, 덥다, 춥다, 분위기가 썰렁하다 등의 환경에서도 가이드는 언제나 손님들 기분을 업 시켜줄 수 있는 재미있는 말투와 제스처로 투어 진행을 해야 한다.

둘째, 가이드는 다 알아야 한다.

여행지에 대해 뭐든 설명이 가능해야 한다. 책 한 권 정도는 외워두어야 한다. 그런데 한 지역을 3년 이상 가이드 하게 되면 다 안다. 심지어 그 나라 현지인이 걸어가는데 손님들이 저 사람 어디 가는 거예요? 물어봐도 그 현지인이 어디 가는 줄 안다. 가이드가 모르는 것이 있다면 나무와 꽃 이름뿐이다.

셋째, 가이드는 멋있어야 한다.

특이하면 더 좋다. 가이드는 늘 많은 손님들 앞에서 설명을 하고 주목을 받는다. 보기 좋은 떡이 더 맛있다는 말도 있다. 가이드가 연예인처럼 멋지면 그 가이드 손님들도 멋지다. 가이드가 재미있으면 그 손님들도 재미에 호응을 함으로써 분위기는 날이 갈수록 더욱 진국으로 변형된다. 양복을 입으면 양복에 맞는 행동과 말투를 하고, 군복을 입으면 군인다운 행동과 말투를 쓰게 되어 있다. 가이드가 멋지면 그 손님들도 멋지다. 일상과 다른 환경에서 손님들은 뭔가 특별한 이벤트를 기대한다. 그런데 가이드 자체가 이벤트 덩어리라면 손님들은 매일 아침마다 가이드 만나기를 호텔 로비에서 손꼽아 기다릴 것이다. 하지만 가이드가 이런 끼를 가지고 있음에도 손님들이 호응을 안 해주면 그냥 평범함을 넘어 지루한 가이드일 뿐이다.

전 세계적으로 보면 가이드는 그 나라 사람인 현지인이 많다. 그런데 우리나라 해외여행은 우리나라 사람이 그 나라 현지에 들어가서 가이드를 많이 한다. 왜 그럴까? 그것은 우리나라의 독특한 여행 시스템 때문에 그렇다. 물론 자유여행으로 현지에 가서 현지 여행사를 이용하면 현지인 가이드가 안내를 해준다. 하지만 패키지여행인 경우 대부분 한국 사람이 현지 가이드를 하고 있다. 물론 패키지여행이라

"20년 경력 현직 여행사 사장이 알려주는 여행 꿀팁"

하더라도 현지인이 가이드 하는 곳도 많이 있다. 남미에 가면 우유니사막에 현지인 가이드가 있고, 아프리카에 가면 빅토리아폭포 안내를 현지인이 한다. 인도, 인도네시아, 스리랑카, 부탄, 네팔 등 많은 나라들이 현지인들이 가이드를 하고 있다. 대부분 이 현지인이 가이드 하는 나라의 여행 요금은 비싸다. 요금을 현실적으로 받기 때문이다. 한국인 가이드들이 있는 곳들은 대부분 현실적으로 맞지 않은 여행 요금이 많다. 다시 말해 현지에 있는 한국인 가이드들이 그 맞지 않은 여행금액을 선택관광과 쇼핑을 통해 맞추는 역할을 하는 경우가 많다. 이것을 현지인 가이드들을 시킨다면 정서를 모르는 가이드들이 그만한 판매를 할 수 없기 때문에 한국인 가이드들이 있는 것이다. 한국인 가이드들은 이 중고를 겪고 있다. 손님에게 즐거움도 줘야 하지만, 수익을 올려 부족한 여행금액을 메꾸어야 한다. 정말 덤핑이 심한 여행 상품은 가이드에게 재미는 저편에 있다. 오롯이 수익을 채워야 가이드 생계가 유지되기 때문이다. 그 상품을 이용하는 손님은 여행의 즐거움을 찾기 힘들다. 그저 그런 여행이 되면 다행이다. 가이드들도 제발 그런 상품이 없어졌으면 한다. 이제껏 몇 번 해외 가이드들이 국회 앞에서 시위도 하고 양심선언도 하는 이유가 바로 그런 이유에서이다. 가이드가 가이드만 하는 그런 날이 오기를 바란다.

4. 여행은 취미다

여행을 떠날 각오가 되어 있는 사람만이 자기를 묶고 있는 속
박에서 벗어날 수 있다.

- 헤르만 헤세 -

여행을 자주 하는 사람들은 대부분 정해져 있다. 그들은
시간과 돈이 남아돌 때만 여행을 떠나는 사람들이 아니다.
빚을 내서 여행하기도 한다. 여행을 좋아하는 사람들은 시
간과 돈을 여행에 할애한다. 여행을 좋아하지 않는 사람
또는 어쩔 수 없이 할 수밖에 없는 사람들에게는 여행은
가장 큰 사치이다. 귀중한 시간을 낭비하고 쓸데없는 데
돈을 쓴다 생각한다. 그래서 그런 사람들이 하는 말 "한가
하게 여행 갈 생각이나 하고 있네! 하라는 일은 안 하고 저
러니 무슨 일이 잘되겠어!" 하며 여행을 사치 중의 제일 큰
사치라 생각하는 사람들이 있다. 심지어 일부 여행을 자주
하는 사람들조차도 그렇게 생각한다. 배가 고파 먹는 밥이
아닌 입이 심심하여 먹는 간식처럼 그들에겐 여행지에서
뭔가를 경험한 것보다는 여행을 떠나는 것이 중요하다. 그
런 사람들에게는 여행은 취미가 아니라 사치인 것이다.

여행이 본인에게 어떤 의미인가는 개인마다 다를 것이
다. 인생의 아주 작은 일부분 일 수도 있고 인생 전부인 사

람도 있다. 본인의 인생 중에 각자 중요시하는 것이 있다. 먹는 것이 중요한 사람은 항상 돈과 시간이 있을 때 유명한 맛집을 찾거나 맛있는 것을 사서 먹는다. 옷을 중요시하는 사람들은 옷을 찾고, 가방을 중요하게 생각하는 사람들은 돈이 있으면 가방을 제일 먼저 사고 집에 많은 가방이 있음에도 항상 가방이 없다 생각한다. 그리고 또 언제나 가방에 신경이 가 있어서 당장에 사지는 않더라도 언젠가는 살 가방을 미리 점찍어둔다. 낚시를 좋아하는 사람들도 일 년 내내 낚시만 생각하며 낚시 계획을 세우고, 낚시를 가지 않을 때는 낚시 채널을 보고 낚시가 유일한 삶의 목적인 양 살아간다. 골프를 좋아하는 사람, 테니스를 좋아하는 사람, 등산을 좋아하는 사람 등 모두 제각각 본인이 사랑하는 취미가 한 가지씩 있다. 이런 의미에서 본다면 여행도 취미다. 여행이란 취미는 다른 취미보다 조금 더 시간과 비용이 드는 것이 사실이다. 하지만 여행을 취미로 생각하는 사람들은 다른 취미를 즐기는 사람들처럼 비용이 절대 아깝다 생각하지 않는다. 불편한 잠자리와 입에 맞지 않는 음식을 싫어하지 않고, 온몸에 땀을 흘리며 하루를 지치게 돌아다녀도 피곤하지 않다. 여행이란 취미를 가진 사람들은 늘 여행을 꿈꾼다. 1년 계획을 세우고 여행비를 마련하기 위해 돈을 저축하는 사람들이 세계에 허다하게 많다. 나도 이 여행 취미가 내 일생을 바꾸어놓았다. 대학 진학에 실패하고 재수할 때 일이다. 나는 비를 좋아한다. 아침 일찍 학원을 가기 위해 집을 나설 때 비 오는 날이면 내 목적지는 학원이 아니었던 날이 많았다. 엄마가 싸준 도시락을 가방에 넣은 채 시외버스를 탔다. 충분하지 않았던 용돈 얼마와 도시락, 그리고 비 오는 풍경! 돈의 액수만큼 떠나는 시외버스에서 보았던 비 오는 밖의 풍경은 정말 너무 환상적이었다. 낯선 도시의 버스 대합실에서 먹었던 도시락! 부산 가는 통일호 기차 안에서 우연히 만난 대학생 누나들과 나누었던 개뺑 스토리! 이런 것이 아직도 잊히지 않고 나의 삶에 밑거름이 되고 있다.

　여행이란 취미는 시간과 비용 때문에 아무나 못 한다 생각하지만 시간과 비용만 있으면 아무나 취미로 할 수 있는 것이 바로 여행이다. 골프나 탁구, 수영처럼 특별한 기술도 필요 없다. 축구나 농구처럼 여러 사람이 필요하지도 않다. 또한 밤이나 낮이나 언제든 할 수 있고 남녀노소 누구나 할 수 있는 것이 이 취미이다. 여행은 마치 마법과도 같다. 기분 나쁜 사람을 기분 좋게 할 수도 있고, 절망적인 삶을 희망적 삶으로 만들 수도 있다. 여행을 통해 나를 사랑하지 않은 사람을 사랑하게 할 수도 있다.

　취미는 한 가지여야 할 필요는 없다. 하지만 다른 사람

"20년 경력 현직 여행사 사장이 알려주는 여행 꿀팁"

보다 그 취미에 시간을 더 할애하고 더 능숙해야 적어도 그것이 취미라고 할 수 있다. 사람들이 혹 취미가 뭐예요? 라고 물었을 때 여행이라고 대답할 수 있을 만큼 잘하기 바란다. 그럼 어떻게 해야 여행이란 취미를 잘하는 걸까? 그것은 그냥 여행이 재미있으면 된다.

몸과 마음을 집중하여 뭔가를 할 때 그것에 재미를 느끼고 그것을 함으로써 삶의 의미와 보람을 느낀다면 그건 취미가 될 수 있다. 매일 출근하여 일을 함에 있어서 재미를 느끼고 또한 그 일 속에서 내 존재감과 삶의 의미를 찾는다면 그 일이 곧 취미가 될 수도 있다. 그래서 나도 대학교를 졸업하고 좋아하는 취미를 일로 가지기로 했다. 그래서 시작한 것이 여행사 일이다. 평생을 살아가면서 잠자는 시간 이외에 가장 많은 시간을 할애하고 집중하는 것이 삶을 영위하기 위한 어쩔 수 없는 것, 짐짝이라면 보이지 않는 한구석에 처박아놓고 싶을 정도로 싫은 것이 일이라고 말하는 사람도 있다. 그 일이 힘들고 지겹고 따분하고 원수 같다면 곧 삶의 지옥이 아닐까? 그 지옥 같은 삶에서 잠시 떠나는 여행은 위안이 될 수 없다. 단지 쓴 물에 조금 들어간 설탕 같은 것이다. 결코 그 쓴 물에서 단맛을 느낄 수가 없다. 돈을 더 많이 벌기 위해 평생을 내가 좋아하는 일을 포기하고 다른 일을 선택하여 본인의 생각과 본인의 행복과는 동떨어진 삶을 살고 있는 사람이 있다면 당장에 그 일을 버리고 지금 하고 싶은 일을 하라고 말해주고 싶다. 그렇게 벌어서 세상 어디에 쓸 건가? 더 좋은 차를 타고 더 좋은 집에 살고 더 좋은 음식을 먹는 걸로 평생 쓴 입맛을 느끼며 사는 것에 위안이 될 수 있을까? 취미가 일이 되어 매일 출근하여 취미생활을 하고 있는 나처럼 모든 사람들이 여행에서 느끼는 재미와 감동, 즐거움을 일에서도 찾길 바란다.

"20년 경력 현직 여행사 사장이 알려주는 여행 꿀팁"

5. 여행 목적지 선택하기

지혜란 받는 것이 아니다. 우리는 그 누구도 대신해줄 수 없는
여행을 한 후, 스스로 지혜를 발견해야 한다.

- 마르셀 프루스트 -

많은 사람들이 수학의 해답을 물어보듯 여행 어디가 좋
아요? 그때마다 나는 늘 똑같이 다시 되묻는다. 여행 가서
뭐 하고 싶으세요? 사람들은 한 번의 여행에서 많은 것을
하고 싶어 한다. 맛있는 것도 먹어보고 싶고, 눈이 휘휘 돌
아가는 멋진 광경도 보고 싶고, 스릴 넘치는 체험도 해보
고 싶어 한다. 밤에는 멋진 카페에서 칵테일 한잔하며 멋
진 사람과의 인연을 꿈꾸기도 한다. 그런 것들을 머릿속에
생각하며 어디로 여행 가면 좋을까요?라고 물어본다. 십중
팔구 이렇게 물어보는 사람들은 여행경비에 민감한 사람들
이다. 그래서 내가 여행 장소를 말하면 대뜸 손님은 얼마
정도면 되냐고 다시 물어보고 그다음 말은 생각보다 비싸
다고 말한다. 그러면서 홈쇼핑에서 나오는 가격을 이야기
한다. 나는 마음속으로 '나한테 묻지 마시고 그 홈쇼핑에
예약하세요'라고 하고 싶지만, 그러면 손님이 삐치기 때문
에 또 한 번 그 가격에 맞는 장소를 찾기 시작한다. 결국은
그 사람 질문은 "내가 생각하는 경비는 이 정도인데, 이 경

비로 어디를 갈 수 있나요?"이다. 대부분 사람들은 가까운 곳, 기간이 짧은 곳, 싼 곳을 많이 찾는다.

여행의 목적지를 정하는 데는 몇 가지 살펴봐야 할 것이 있다.

첫째, 누구와 가느냐이다.

일행의 특성을 고려해야 한다. 인원이 몇 명인지, 가족여행인지, 사회 모임인지, 친구인지, 연인인지, 아무도 모르게 가야 하는 여행인지를 따져봐야 한다. 가족여행으로 유흥가가 많고 힘든 산행 일정이 있는 여행이면 맞질 않는다. 반면에 사회 모임이라면 유흥가 투어나 산행 일정이 있으면 좋다. 또한 주요 관광지가 사찰 위주인 불교국가에 기독교 성지순례 팀이 가면 안 된다. 여행지를 잘못 결정하면 축구를 좋아하는 사람들을 야구장에 끌고 가는 격이 될 수 있다. 같이 가는 일행이 무엇을 좋아하는지를 반드시 서로 의견 조율을 해야 한다. 출발 한 달 두고 갑자기 빠지는 사람들을 보면 결국 나와 맞지 않는 여행지라 빠지는 경우가 많다. 전에 가봤던 곳이라도 내게 맞는다면 두 번 세 번 가도 또 가고 싶은 곳이 여행지다.

"20년 경력 현직 여행사 사장이 알려주는 여행 꿀팁"

둘째, 연령을 고려해야 한다.

아이들이 많은 팀이라든가, 연세가 드신 노인분들이 많다든가 하면 그 팀은 여유로운 일정이 좋다. 아이가 있는 팀은 아침에 아이들 챙기느라 시간이 많이 걸린다. 노인분들이 있으면 오래 걷거나 밤늦게 호텔에 들어가서는 안 된다. 피곤해 다음 날 일정을 소화하는 데 영향이 갈 수 있고 건강에 무리가 올 수 있다. 여행의 끝이라고 하는 남미 여행 상품에서 최근 대형 여행사에서 짧은 기간 저렴하게 다녀올 수 있는 일정이 생겼다. 그 일정을 보면 인천 출발, 20시간 넘게 비행기 타고 가서 페루에 밤늦게 도착한다. 그리고 호텔에서 1시간 남짓 자는 둥 마는 둥 새벽에 일어나 첫 비행기를 타고 다른 지역으로 이동한다. 손님들도 이런 일정을 힘들어한다며 누가 이런 일정을 만들었는지 따지고 싶다고 말한 가이드도 있을 정도다. 아직 경험하지 않은 손님에게 이런 여행 코스 홍보는 잘 먹힌다. "짧은 일정, 저렴한 금액으로 마추픽추가 여러분을 기다리고 있습니다!!" 이런 일정에 아이나 노인분이 있다면 당사자뿐만 아니라 같이 다니는 일행도 힘들다.

셋째, 여행경비를 고려해야 한다.

많은 한국 사람들이 여행경비를 제일 우선시 두고 여기

에 맞는 여행지를 찾는다. 하지만 그런 여행은 만족도가 떨어진다. 위의 2개의 조건을 고려한 다음 세 번째로 여행 경비를 따져야 한다. 1인당 여행금액을 보면 비싸지 않은 데 일행 전체 여행금액을 생각하면 여행비가 비싸게 보인다. 예를 들어 1인당 여행비가 100만 원인데 5명이서 가면 500만 원이다. 그래서 상담할 때 꼭 500만 원을 들먹인다. 그러니 금액이 크게 보일 수밖에 없다. 이번 여행 다녀오고 나서 당분간 라면만 먹고 살아야 한다는 사람들이 있다. 물론 농담이지만 그렇게까지 힘들게 여행 갈 필요는 없다. 여행은 여유가 있을 때 가야 한다. 금전적 여유 말고 마음의 여유 말이다. 100만 원짜리 고가의 가방은 사도 100만 원짜리 여행은 대단한 사치라고 생각하는 사람들은 여행 가도 즐겁지 않다. 그런 사람들은 저렴한 패키지를 이용하기 때문에 추가경비가 현지에서도 많이 들어가 매 순간 머릿속에 계산을 하느라 바쁘다. 그 복잡한 머릿속에 아름다운 경치가 들어오겠는가. 가방은 평생 남아 있지만 여행은 며칠이면 없어진다 생각하는 사람들은 그 생각이 가방은 언젠가는 버리지만 여행에서의 추억은 평생 가슴속에 남아 있다는 생각이 들 때 여행 가야 한다.

여행 목적지를 정하는 위 3가지 사항 말고도 중요한 또한 가지가 있다. 현지 날씨이다. 보통 여행지는 더워도 가지만 추우면 못 간다. 여행 중 더우면 에어컨도 있고 그늘

"20년 경력 현직 여행사 사장이 알려주는 여행 꿀팁"

도 있고, 가끔 시원한 바람과 음료도 있다. 땀을 흘리며 꾸역꾸역 여행을 한다. 그러나 여행지가 추워버리면 아무것도 안 된다. 여행은 거의 야외 활동이기 때문에 추우면 아무것도 생각 안 난다. 머릿속에 온통 춥다는 생각이다. 마치 설사가 찾아왔을 때 주위에 다른 것은 눈에 들어오지 않고 오직 화장실만 찾는 것처럼. 그래서 추운 날씨에 가는 나라는 상대적으로 여행비가 저렴하다. 완전 비수기이기 때문이다. 1월에 유럽이나 중국 북경을 간다든지, 8월에 호주를 가면 아주 추위에 고생이다. 그렇게 다녀온 분들에게 남은 그 나라 인상은 추워서 혼났다이다. 여행 지역이 봄, 가을 날씨일 때가 가장 좋고 그것도 안 되면 여름 날씨라야 한다. 원래 추운 알래스카도 여름일 때 손님이 제일 많다. 그나마 덜 춥기 때문이다.

TV에 나오는 풍경이 너무 예쁘다. 마음속으로 아! 나도 저런 데 가보고 싶다. 저런 데서 사는 사람은 얼마나 좋을까 하며 그 화면 속에 나오는 사람을 부러워한다. 그때 옆에 있던 남편이 "우리 지금 저기 갈까?" "정말? 그래! 가자!" 그리고 1시간 만에 짐을 싸서 공항으로 간다. 내일 그 부부는 어제 TV 속에서 보았던 그 아름다운 식당에서 마치 거기에 살고 있는 사람처럼 식사를 하고 있을 것이다.

"나는 어디로 여행 가야 좋을까요?" 답은 "엊그제 TV 보면서 가고 싶다고 말한 곳으로 가세요."

6. 여행사 선택하기

여행은 돈의 문제가 아니라
얼마나 여행이 간절한가의 차이이다.

- 달타냥 -

보통 손님들은 큰 여행사를 선호한다. 거기에 여행비도 저렴한 여행사를 찾는 것이 보통이다. 여행비 상관없다 하는 손님들을 여럿 상대해봤지만 결국 그 손님들도 여행비가 여행을 결정하는 데 가장 큰 비중을 차지했다. 많은 손님들이 여행사가 크면 여행비가 싸고 여행사가 작으면 여행비가 비싼 줄 안다. 반은 맞고 반은 틀리다. 1인 기업의 여행사라도 손님에게 여행 견적을 받으면 동일한 상품의 대형 여행사 스케줄과 금액을 체크한다. 그 작은 여행사는 큰 여행사에 비해 인지도나 공신력이 낮다. 그 때문에 같은 여행 조건이면 가격을 싸게 하는 것보다 서비스를 더 넣어준다. 그래야 여행 만족도가 높기 때문이다. 그러다 보니 작은 여행사들은 단골손님들이 많다. 그래서 대부분 대형 여행사들은 가격으로 경쟁하고 작은 소형 여행사들은 서비스와 품질로 승부하는 경우가 많다. 그러면 대형 여행사보다 소형 여행사가 좋다고 생각하는 손님들은 몇만 원 더 주고라도 아는 여행사를 통해서 가려고 한다. 그 결과

소형 여행사는 단골을 확보하게 된다. 단골손님이 여행 다녀와서 불만을 갖게 되면 다음 여행은 그 여행사를 찾지 않을 것이다. 물론 대형 여행사도 마찬가지지만 소형 여행사는 그런 단골이 없어지면 곧 망하게 된다. 그래서 단골손님 확보를 위해 하나하나의 단체에 신경을 더 많이 쓴다. 손님과 직원의 관계가 아니라 이웃사촌 같은 관계가 된다.

대형 여행사는 이렇게 손님을 핸드링 할 수 없다. 각 지역마다 담당자가 정해져 있고 그 담당자는 한 달에 수백 명의 손님을 상대한다. 그리고 그 손님들은 매달 바뀐다. 그러니 무엇이든 정확하다. 어떠한 객관적 여행 조건도 다 갖추어놓았다. 문제가 될 만한 소지가 없다. 모든 조건을 객관화시켜 놓았고, 모든 것들을 법률적 근거하에 손님을 상대한다. 가장 많이 신는 사이즈의 신발을 수천 켤레 찍어내는 것과 같이 동일한 상품을 출시한다. 여행 상품은 특정 여행사 상품이 좋다고 할 수 없다. 특정 여행사 상품이 좋은 것이 아니라 특정 상품이 좋은 것이다. 그 여행 상품은 어느 여행사에도 있다. 여행사 선택 기준으로 여러 개 들 수 있지만 3가지를 꼽는다면,

첫째, 여행 상품의 일정을 보아야 한다.
내가 원하는 일정이 있는지를 먼저 봐야 한다. 보통 많

은 손님들은 일정에 나를 맞춘다. 여러 가지 조건이 다 내게 맞을 수는 없지만 내가 좋아하는 여행 패턴을 먼저 알아야 한다. 수영을 좋아하는지, 산을 좋아하는지, 먹는 것을 좋아하는지, 쇼를 좋아하는지, 술을 좋아하는지 등 내가 좋아하는 여행을 알아야 한다. 그런 다음 여행 상품의 일정을 골라야 한다. 여행 상품은 많은 여행사들이 대동소이하다. 거의 비슷한 상품을 호텔과 항공, 포함, 불포함 사항을 달리하여 상품을 판다. 우리나라 여행을 예로 들어본다면 서울, 대전, 대구, 경주, 부산 등 가는 코스는 동일하다. 어느 여행사는 서울에서 남산타워를 기본으로 포함했고 어느 여행사는 남산타워를 추가비용을 내고 보는 일정으로 만든 것뿐이다. 뼈대는 동일하다. 살을 어디다 붙이느냐 하는 것뿐이다.

둘째, 상품 가격이다.

태국을 가는 데 어떤 여행사는 50만 원이고 어떤 여행사는 100만 원이다. 관광코스와 숙박 수도 동일하다. 그런데 그 여행 상품들을 자세히 들여다보면 다른 점들이 있다. 금액을 좌우하는 항공과 호텔, 포함, 불포함이 다르다. 손님들은 대부분 숙박 수와 간단한 일정, 금액만 보고 상품을 비교한다. 파리에 가면 베르사유 궁전이 있다. 똑같은 일정인데 자세히 보면 어느 여행사는 베르사유 궁전 내부 입장이 포함되어 있고, 다른 여행사는 불포함되어 있다. 입장료가 만만치 않기 때문에 이것이 여행 가격을 결정하는 데 중요한 요소가 된다. 그러므로 서로 다른 여행사 상품을 비교할 때는

1. 항공이 국적기인지, 직항인지, 경유인지
2. 호텔이 특급인지, 일급인지
3. 쇼핑 횟수가 몇 번인지, 선택관광으로 얼마 정도 들어가는지
4. 포함, 불포함 사항이 다른 여행사와 어떻게 다른지를 반드시 비교하여야 한다.

셋째, 출발 확정 여부를 봐야 한다.

대형 여행사 패키지 상품들에는 미끼 상품들이 간혹 껴 있다. 처음엔 가격을 저렴하게 하고 예약이 어느 정도 들어오면 가격을 올린다. 그리고 그제야 출발 확정 상품이라 표시한다. 예약만 빠르면 손님에게는 이런 미끼 상품이 오히려 득이 된다. 각 여행 상품에는 최소 출발 인원이 있기 때문에 예약을 했더라도 최소 인원이 넘었는지를 수시로 체크해야 한다. 좋다고 무작정 신청한 상품이 휴가도 신청해놨는데 출발 일주일도 안 남아서 인원 미달로 취소되는 경우가 있기 때문이다. 출발일이 한 달도 안 남아 있는데 신청한 사람이 없으면 그 상품은 출발 못 할 가망성이 크다. 이를 방지하기 위해서는 처음부터 인원이 어느 정도

차 있는 여행사 상품을 고르는 것이 좋다.

대형마트와 동네 작은 전통시장을 비교해보자. 대형마트에는 모든 물건을 다 판다. 하지만 전통시장은 식재료 위주의 농수산물이 대부분이다. 그렇다고 해서 전통시장의 농수산물이 대형마트보다 덜 싱싱하다거나 맛이 없질 않다. 오히려 전통시장에 싱싱하고 가격이 저렴한 농수산물들이 더 많다. 그럼에도 많은 사람들이 대형마트를 찾는 이유는 주차시설이 좋고 시원하고 깨끗하고 모든 소비자가 쇼핑하기 편리하기 때문이다. 여행사도 마찬가지다. 많은 여행객들이 대형 여행사를 찾는다. 컴퓨터 마우스 몇 번만 클릭하면 내가 가고 싶은 모든 지역과 스케줄, 가격대별로 다양하고 섬세하게 볼 수 있다. 심지어는 TV 홈쇼핑에서 방영하는 TV에 눈만 집중하고 있으면 가고 싶게 만들고 전화 한 통과 입금만 하면 끝이다. 하지만 소형 여행사는 손님이 원할 경우에만 일일이 스케줄을 보내주고 설명을 해줘야 한다. 손님은 시간을 내어 전화 또는 미팅을 통해 들어야 한다. 손님으로서는 번거롭고 그 여행이 성사가 안 되면 미안하기까지 하다. 그러다 보니 작은 여행사를 찾지 않게 된다. 작은 여행사를 이용할 경우 만족도가 더 높을 수 있다 해도 이런 문제들로 우리나라 손님의 대부분은 큰 여행사를 선호한다.

자유여행을 선택해서 해외여행을 가도 여행사에 몇 가지

"20년 경력 현직 여행사 사장이 알려주는 여행 꿀팁"

도움을 받을 수도 있다. 현지 일일 투어 또는 특정 여행지 투어라든가, 아니면 가이드 또는 차량, 호텔만 제공받을 수도 있다. 자유여행객들이 현지에 가서 현지 여행사를 이용하여 이런 것들을 제공받으면 더 정확히 더 저렴하게 서비스를 받을 수 있다. 하지만 가능하면 미리 한국에 있는 여행사에서 이런 서비스를 받는 것이 좋다. 현지에 가서 그때그때 예약하면 내가 원하는 날짜와 시간에 못 할 가망성이 있다. 또한 그런 여행사를 찾아야 한다. 그리고 가끔 예약한 것과 달라 사기 당하기도 한다. 자유여행객들이 한국부터 미리 예약해서 자유여행을 떠난다면 일단 전체 스케줄을 잡아서 가기 때문에 시간을 알차게 쓸 수 있다. 그리고 현지에 가서 많은 정보들을 덤으로 얻을 수도 있다. 예를 들어 가이드를 하루만 예약하여 안내받으면 내가 알고 싶은 그 나라 정보를 다 알 수 있다. 그러면 나머지 자유여행 기간에 그 가이드로부터 얻은 정보를 가지고 더 효율적으로 여행할 수 있다.

여행사의 선택은 그때그때 상품을 보고 달리하는 것이 좋다. 비용을 아끼려면 큰 대형 여행사 패키지 상품이 좋고, 여행 만족도에 비중을 더 둔다면 아는 여행사 직원을 통해 인센티브여행을 하는 것이 좋다.

7. 여행 적령기

여행은 젊은 사람에게 있어서는 교육의 일부이며 나이 많은 사람에게는 경험의 일부이다.

- 베이컨 -

'노세 노세 젊어서 노세!'라는 노래 가사가 있다. 어느 정도 일리가 있기는 하지만 전부 다 그런 것은 아니다. 여행업을 20여 년 해오고 있지만 나이는 숫자에 불과하다는 것을 알았다.

여기 김씨네 한 쌍이 중국 여행을 한다. 좁은 비행기를 몇 시간 동안 타고 나니 벌써부터 녹초가 되었다. 현지에 도착해서 공항 밖으로 나가자 우리나라와 맞지 않는 날씨로 적응을 못 해 몸이 천근만근 무겁다. 호텔 잠자리가 바뀌어 잠이 안 온다. 가이드가 이번 스케줄은 바쁘다고 한다. 피곤한데 다음 날 새벽에 깨운다. 밥도 안 나와 빵 몇 개의 호텔 아침식사로 허기를 달래고 버스에 오른다. 가이드가 뭐라 하는지 통 알아듣지 못한다. 좋다고 하는 것 같다. 가만히 서 있어도 더운데 2시간을 걸어 관광지를 구경한다. 일행 잃어버리지 말고 잘 따라다니라는 아들 말이 생각나 일행만 열심히 따라다녔다. 배가 출출해질 때쯤 개미 떼처럼 모여 있는 식당 안에서 점심을 먹는다. 온통 기름진 음식뿐이다. 고기반찬도 있는데 기름기 때문에 손이 가질 않는다. 점심 먹고는 4시간을 달려 다른 지역으로 간다. 오후 내내 버스만 탔다. 저녁을 먹으라 한다. 점심 메뉴와 비슷하다. 잠자는 호텔에 들어가니 벌써 8시다. 알아듣지 못하는 TV를 보다 피곤하여 잠이 든다. 이건 여행하러 온 건지 고생하러 온 건지 구분이 잘 안 된다.

여기 또 다른 박씨네 부부가 있다. 비행기는 좁지만 몇 년 만에 타보는 비행기라 마음이 설렌다. 기내식도 처음 먹어보는 맛이 괜찮다. 기내식과 함께 인증 샷도 찍어본다. 현지에 도착하니 모든 것이 신기하다. 뜨거운 열기의 날씨가 너무 좋다. 해외여행 간다고 산 커플티를 입고 버스에 오른다. 호텔에 도착하니 욕조가 있다. 집에서는 관리비 걱정에 한 번도 써본 적 없는 욕조에 물을 받아놓고 몸을 담가본다. 목욕 후 시원한 맥주가 생각난다. 호텔 주위에 있는 편의점에서 캔 맥주를 사다가 한잔씩 한다. 다음 날 새벽에 일찍 일어나도 거뜬하다. 하루 종일 미지의 세계를 탐험할 생각으로 가슴이 설렌다. 다양한 현지 음식이 아침 식사다. 밥보다 빵을 더 좋아하는 부부는 호텔 아침식사가 너무 마음에 든다. 가이드가 사진 찍는 포인트를 알려준다. 신발도 기름에 튀기면 맛있다는 기름진 음식들이 점심이다. 다양한 고기반찬이 더욱 맛있다. 차창 밖으로 펼쳐지는 새로운 풍경들이 4시간을 후딱 지나가게 했다. 가는 동안 버스 안에서 부부는 잠잘 틈 없이 차창으로 펼쳐진 풍경들에 감탄했다. 호텔에 도착하니 초저녁 8시다. 한국에선 애들 때문에 둘만의 시간이 없었다. 오붓하고 분위기 있는 호텔에서 와인과 함께 둘만의 시간을 보낸다.

위 두 사례는 내가 많은 손님들을 모시고 다니면서 보았던 풍경들이다. 언뜻 보기에 맨 위에 있는 사례는 노부부 그 아래에 있는 사례는 젊은 부부 같지만 사실 그 반대로 위에는 40대, 아래는 60대 부부다.

여행이 끝나고 집에 돌아갈 때면 많은 사람들은 집이 제일 편하다고 할 만큼 피곤해한다. 그런 생각을 가지고 공항으로 나오면 비행기를 타는 순간부터 위 부부처럼 고생이 시작된다. 여행=휴식을 같은 뜻으로 봐서는 안 된다. 여행=즐거움인 것이다. 여행 적령기는 따로 있지 않다. 어떤 마음으로 여행하느냐가 중요하다. 조금은 고생되더라도 즐거운 생각을 가져야 한다. 물론 사람의 신체적 나이도 중요하다. 하지만 여행에서 중요한 것은 정신적 나이다. '노세 노세 젊어서 노세!'라는 말은 정신적 나이를 말한다. 위의 사례에서 40대가 했던 여행을 60대 부부가 하는 것도 많이 봤다. 여행에서 긍정적인 생각과 행동은 피곤하지 않다. 오히려 활력소가 되어 몸이 더 건강해진다. 사람은 생각만으로 근육이 생긴다고 한다. 내 팔에 근육이 붙는다고 계속 생각하면 실제로 팔 근육 운동을 하지 않더라도 근육이 붙는 플라세보 효과가 있는 것이다. 이는 마음가짐이 얼마나 중요한지 알 수 있다.

여행은 마음이 건강한 사람이라면 나이에 상관없이 가면 된다. 가고 싶을 때 떠나면 된다. 나이 많다고 해서 몸이 불편하다고 해서 여행을 못 간다는 사람들은 핑계다. 나이 먹을수록 몸이 불편할수록 지팡이와 휠체어를 이용할지라도 여행을 더 해야 한다. 하나라도 더 보고 즐겨야 한다. 그래서 기분 좋아지면 자연스레 몸도 건강해진다. 더 나이 먹기 전에 더 몸이 불편하기 전에 떠나라. 여행은 특별한 날만 가는 것이 아니다. 틈만 나면 여행 가야 한다. 그것이 꼭 해외여행이 아니어도 된다. 기쁠 때 여행 가야 한다. 슬플 때도 여행 가야 한다. 기념일 때도 여행 가야 한다. 그냥 일상이 지루할 때도 여행 가야 한다. 여행 가고 싶은 마음이 들 때도 여행 가야 한다. 주위 사람들이 여행 가자고 할 때도 여행 가야 한다. 심심한데 뭐 할까 생각될 때도 여행 가야 한다. 여행은 공기이다. 없으면 죽는다 생각해라. 내 나이는 잊어라.

8. 여행 먹거리 챙기기

낯선 땅이란 없다. 단지 여행지가 낯설 뿐이다.
- 로버트 루이스 스티븐슨 -

여행 가방에 넣는 먹거리는 많으면 많을수록 좋다. 하지만 가방의 공간 차지와 항공 무게 제한이 있다. 그것만 아니면 먹거리를 많이 싸가서 필요할 때마다 꺼내 먹고, 주위 사람과 나누어 먹고, 현지 가이드도 하나 주고, 남으면 다시 싸오면 된다. 여러 손님들 가방에서 공통적으로 싸오는 먹거리는 단연 컵라면이다. 그런데 실제로 여행에서 컵라면을 먹는 사례는 많지 않다. 그래서 가이드들이 손님에게서 마지막 날 가장 많이 받는 선물 아닌 선물이 컵라면이다. 컵라면은 여행 중에 의식적으로 먹어야 한다. 배가 출출할 때 먹으려 대부분 싸 간다. 그런데 거의 못 먹는다. 배가 고프지 않다. 여행 내내 세끼를 챙겨 먹기 때문에 배고플 틈이 없다. 컵라면을 호텔에서 먹으려면 여행 첫날밤이 좋다. 첫날 비행기에서 내려 바로 호텔에 들어간다면 이때 먹는 것이 적합하다. 기내식만 먹고 현지 도착해서 식사 없이 호텔에 들어가면 배고프다. 이때 가지고 온 컵라면을 먹어라. 그다음부터는 항상 배는 여행 끝날 때까지

임산부처럼 불러 있다. 한국에서는 가끔 아침을 거르기도 하지만 여행 중에 끼니 거르는 것은 큰일이라도 난 것처럼 모두가 생각한다. 가이드도 손님들 끼니 굶기지 않게 최선을 다한다. 어쩌면 여행지 방문 일정보다 밥 먹는 것이 더 중요하다. 그래서 일정이 긴 여행에서 한국 돌아가는 날에는 살이 쪄 있다. 모든 식사를 규칙적으로 많이 먹기 때문이다. 컵라면은 여행 중간 점심식사 때 먹는 것도 좋다. 아침은 호텔식이라 거의 뷔페다. 저녁은 현지 특식이 많다. 점심은 간단식이다. 이때 가지고 온 컵라면을 꺼내어 그동안 잘 사귀어놓은 가이드에게 뜨거운 물 좀 받아달라면 대부분 식당에서 준다. 이때 먹는 컵라면 맛은 평소의 2배다.

두 번째로 많이 싸 가는 것이 밑반찬이다. 김, 고추장, 볶음김치, 각종 짠 음식 등 현지 입맛이 맞지 않을 때 꺼내 먹으려 가져간다. 대부분 한국의 이런 음식들은 냄새가 난다. 그래서 식당에 내놓으면 가이드들이 기겁을 한다. 다만 식당에서 나온 음식에서도 냄새가 난다면 꺼내놔도 뭐라 하지 않는다. 문제는 그 나라 음식이 냄새가 별로 없는 빵 먹는 나라에서가 문제다. 특히 유럽에서는 아예 음식을 꺼내놓지 못한다. 가지고 온 음식을 하나도 못 먹고 버리거나 다시 싸가지고 오는 경우가 있다. 한국에서 밑반찬을 준비할 때 이 점을 주의해야 한다. 유럽을 갈 때는 아예 밑반찬을 준비해가지 않는 것이 좋다. 김과 튜브용 고추장 정도만 준비하면 좋다. 가끔 소주가 주요 식량인 양 가방 대부분 소주를 담아오는 손님들이 있다. 술은 좋아하는데 현지 술을 사 먹기 비싸기도 하고 귀찮고 입에 맞지 않는 다는 이유다. 소주를 비롯해 알코올로 만든 술은 비슷비슷 하다는 것이 내 관점이다. 맥주를 예로 들어봐도 그렇다. 내가 전 세계를 돌아다니며 들은 그 나라 현지인 말에는 자기네 나라 맥주가 제일 맛있다고 했다. 중국 청도 칭다 오 맥주, 라오스 라오비어, 태국 창 맥주, 유럽 생맥주 등 손님들도 그 나라 맥주를 마셔보곤 다들 맛있다 한다. 또 한 그 나라에 가면 서민들이 먹는 술이 있다. 우리나라 소 주보다 싸고 맛좋은 술들이 많이 있다. 이건 술을 좋아하 는 손님들 말이다. 한국으로 돌아가는 날 그런 서민들의 현지 술이 맛있다며 구입해 가는 손님들도 많이 있다. 이 런 서민들의 술은 대부분 현지 슈퍼마켓이나 편의점에 가 면 있다. 가이드에게 미리 10달러 정도를 현지 돈으로 바 꾸어달라 해라. 저녁에 호텔 주변에서 산책하듯 슈퍼나 편 의점에 들러 구입해서 먹어보라. 아마 가지고 온 소주 생 각은 안 날 것이다. 가끔 손님들에게서 전화 오는 경우가 있다. 그때 사 먹었던 현지 술이 너무 생각난다며 혹 다음 에 그 나라 갔을 때 사다 줄 수 있느냐고.

간식으로 좋은 것이 껌과 사탕, 육포, 초콜릿 등 단맛을 내는 것으로 입이 심심할 때 먹는 간식들로 좋다. 여행 코스가 하루 종일 걷고 제시간에 밥을 먹기가 힘들 때가 많다. 아침은 7시, 점심은 12시, 저녁은 6시에 먹는 것이 습관이 된 사람들은 때가 지나면 자연스레 몸이 지쳐버리고 힘이 빠진다. 이때 사탕이나 초콜릿을 입에 물고 다니면 허기를 달랠 수 있다. 껌은 양치질도 못 하고 낮에 움직일 때 입 냄새 제거용으로 씹는다. 또한 육포는 장시간 버스 이동 시 좋다. 입이 심심할 때 조금씩 떼서 먹으면 시간도 잘 간다. 이때 주의할 사항이 있다. 혼자 먹으면 안 된다. 주변에 일행이 있다면 조금씩 나누어 먹어라. 안 보는 것 같아도 먹는 것에 대한 소리 또는 냄새는 옆의 사람들이 다 알고 있다. 또 한 사람! 가이드와 기사다. 가이드들은 한국에서 가져온 간식을 되게 좋아한다. 나도 가이드 시절 한국에서 가지고 온 간식을 손님들이 먹고 있으면 그렇게 먹고 싶었다. 달라는 소리도 못 하고 침만 꿀꺽 삼킨 적이 많다. 이때 가이드에게 간식을 나누어 주면 준 사람을 눈여겨봤다가 다음에 분명 뭔가로 보답할 것이다.

여행에 가져가면 좋은 간식도 있지만 좋지 않은 간식도 있다. 햇반, 생수, 가공되지 않은 음식이다. 햇반은 데워 먹을 곳이 없다. 밥 없으면 식사를 못 한다며 데워달라 가이드에게 햇반을 내미는 손님들이 가끔 있다. 이럴 때 식당에 부탁은 해보지만 데워줄 수 없다거나 안 된다 하는 식당들이 대부분이다. 그러면 가이드도, 손님도 기분이 상한다. 햇반을 데워달라고 했는데 거절당했다면 이렇게 생각해라. 내가 1년간 요리학원에서 배운 중국 고급음식과 이태리 고급음식을 해놓고 손님을 집에 초대했는데, 그 손님이 입맛이 없다며 가지고 온 햇반을 데워달라고 했을 때 내 기분을 생각하면 그 가이드와 식당 주인의 마음을 조금 이해할 수 있다.

생수는 어느 나라에도 있다. 우리나라 제주도에서 나오는 삼다수만 좋은 물이 아니다. 그 나라에 있는 생수도 정수를 잘한 물이다. 오히려 가방에 담아오는 생수는 위생상 안 좋다. 오랜 시간 비행기를 타고 며칠간 뜨거운 지방에서 보낸 생수가 위생상 좋을 리가 없다. 생수는 냉장고에 보관된 정수한 지 얼마 안 된 것이 제일 좋다. 마지막으로 가공하지 않은 음식, 예를 들면 집에서 말린 과일, 생 고추, 된장, 장아찌 등이다. 뜨거운 지방에서는 이런 것들이 부패하거나 맛이 변한다. 먹고 탈이 나면 여행을 완전히 망쳐버린다. 혹 이런 음식들을 싸 오려면 반드시 진공포장 하든가 아니면 포장된 음식을 사서 와야 한다. 그리고 그 음식을 오픈하면 바로 그 자리에서 해결해야 한다. 남으면

아까워도 버려야 한다. 버리지 않으려면 주위 사람들과 나
누어 먹으면 된다.

여행 가방에 짐을 꾸릴 때 먹어야 할 무엇을 꼭 담아갈
필요는 없다. 여행사를 이용한다면 모든 식사가 포함된 경
우가 많다. 그래서 필요하다고 따로 굳이 간식이나 음식을
사 가지 않아도 된다.

9. 여행 가방 꾸리기

희망차게 여행하는 것이 목적지에 도착하는 것보다 좋다.
- 로버트 루이스 스티븐슨 -

여행용품이라고 해서 여행복처럼 특별히 정해진 물건은 없다. 그래서 여행용품을 전문적으로 파는 곳이 없다. 기껏해야 가방과 기내용품 정도다. 다만 여행 중에 필요로 하는 것들이 몇 가지 있다.

첫째, 세면도구이다.
세면도구는 칫솔, 치약, 면도기 등을 말한다. 게스트 하우스가 아닌 이상 수건과 비누는 대부분 숙소에 있다. 여자분들은 샴푸를 별도로 준비하는 것도 좋다. 크고 좋은 호텔일수록 칫솔, 치약, 면도기가 무료 서비스로 제공된다. 대부분 만국 공통 중국산이다. 중국산이 나쁘다는 것은 아닌데 1회용이다 보니 칫솔 같은 경우는 잇몸이 상할 수 있다. 나는 우스갯소리로 호텔에 있는 1회용 칫솔은 집에 잘 챙겨 가서 손님이 집에서 자고 갈 때 그 칫솔을 주라 한다. 호텔에서 무료로 주는 슬리퍼도 만약 사용하지 않았다면 챙겨 가면 좋다. 버스로 장시간 이동 중 신발을 벗고 가져

"20년 경력 현직 여행사 사장이 알려주는 여행 꿀팁"

온 호텔 슬리퍼로 갈아 신으면 좋다. 또한 집에 가져가서 슬리퍼로 이용해도 좋다.

둘째, 옷이다.

옷에는 속옷과 겉옷이 있다. 겉옷은 며칠씩 입는 경우가 많은데 속옷은 대부분 매일 갈아입는다. 그래서 7일을 자게 되면 7벌의 속옷이 필요하다. 가방이 커서 속옷을 충분히 챙겨 오면 좋지만 그렇지 못한 경우가 많다. 그래서 세탁을 해야 한다. 속옷은 대부분 얇아서 빨기도 쉽고 마르기도 잘 마른다. 매일 샤워할 때 빨면 5분도 안 걸린다. 그리고 밤새 방 안에서 말리면 거의 대부분 마른다. 젖은 속옷은 침대 옆 전등에 걸어놓으면 전등 열로 잘 마른다. 이렇게 사용하면 3벌이면 충분하다. 또는 버려야 할 속옷도 좋다. 낡아서 이번에 입고 버릴 속옷이 있다면 세탁 필요 없이 버리면 된다. 이때 꼭 쓰레기통에 버려라. 간혹 침대 위 또는 옷장에 버리는 경우가 있다. 손님이 놓고 간 줄 알고 호텔 직원이 로비로 가지고 와 일행에게 속옷을 보여주며 속옷의 주인공을 찾는 웃지 못할 해프닝이 발생될 수 있기 때문이다. 겉옷은 아랫도리보다는 웃옷을 더 여유 있게 챙기면 좋다. 웃옷은 땀을 흘리거나 체내에서 냄새가 나면 다른 사람에게 불쾌감을 줄 수 있기 때문이다. 그리고 멋을 내는 데는 아무래도 웃옷이 많으면 좋다. 여기에 바람막이 점퍼는 필히 준비하여야 한다. 더운 지방으로 여행 가도 바람막이 점퍼는 준비하여야 한다.

셋째, 날씨에 관한 도구들이다.

모자, 선글라스, 선크림, 접는 우산 등 강렬한 햇빛 또는 비에 대비한 것들은 꼭 준비를 해야 한다. 귀중품은 별도의 작은 가방에 넣는 것이 좋다. 이 작은 가방은 아침에 숙소에서 출발해 저녁에 숙소 들어올 때까지 항상 착용해야 한다. 잠깐 편하자고 작은 가방을 식당, 화장실, 관광지에 벗어놓고 깜박하고 그냥 오는 사례들이 많이 있다. 물건 분실 조심은 몇 번을 강조하고 또 강조해도 괜찮다.

이 밖에 가방에 넣고 오면 좋은 것이 핸드폰 충전기이다. 여기서 주의해야 할 것은 핸드폰 보조 배터리는 부치는 큰 가방에 넣으면 안 된다. 라이터 역시 큰 가방에 넣어서는 안 된다. 라이터와 휴대폰 보조 배터리는 급속한 온도 변화에 터져서 불이 날 수 있어 반드시 기내로 들고 타야 한다. 기내는 온도 변화가 심하지 않기 때문이다. 충전기는 상관없다. 과일을 깎는 과도도 큰 가방에 챙기면 좋다. 보통 어느 나라를 가든 그 나라 과일을 먹어보고 또 호텔로 사 가지고 들어가는 경우가 많다. 그런데 과일만 사 간다. 호텔에는 칼이 비치되어 있지 않다. 이상하게 꼭 칼이 필요한 과일만 사서 호텔에 들어간다. 많은 손님들이 칼이 없어 호텔방에서 과일을 먹지 못했다고들 한다. 또 가방에 챙기면 좋을 것이 여분의 슬리퍼. 슬리퍼는 호텔에서 제공되기도 하지만 없는 곳도 많다. 우비도 있으면 좋다. 우산을 쓰면 한 손으로 우산을 들어야 하고 시야가 확보되지 못해 부딪치거나 미끄러지는 경우가 있다. 우비는 입게 되면 무엇보다 손이 자유로워진다.

공항에서 부치는 큰 가방은 좋은 가방보다 안 좋은 가방이 좋다. 또한 고가의 물건을 가방 속에 넣으면 안 된다. 항공으로 짐을 부쳤는데 내 짐이 안 나와 잃어버렸다 판단되면 항공사마다 다르긴 하지만 최대 400달러까지 보상금을 받는다. 만약 이때 짐을 잃어버렸을 경우 '너무 잘됐다! 버릴 거였는데! 400달러로 새것 사야겠다! 신이시여! 저에게도 이런 행운을 주셨군요! 감사합니다' 할 정도의 가방을 챙겨 가면 된다. 한번은 손님들을 모시고 인도를 11일 동안 다녀온 적이 있다. 나이가 있으신 손님 한 분이 가방을 끌고 왔는데 새 가방이었다. 며느리가 해외여행 간다고 사준 캐리어라며 자랑했다. 300만 원짜리란다. 난 캐리어가 300만 원짜리가 있는 줄도 몰랐다. 그때까지 30만 원짜리가 제일 비싼 가방인 줄 알았다. 그 손님은 그 가방을 아주 애지중지했다. 어디라도 흠집이 날세라 포장지로 싸고 바퀴가 달렸는데도 거의 들고 다녔다. 현지 호텔에 도착하여

벨보이가 그 가방을 끌고 다닐 때는 거의 싸우다시피 벨보이에게 가방을 끌고 다닌다고 뭐라 했다. 나는 그 손님에게 "가방이 바퀴가 달렸으니 끌고 다니지요!"라고 했지만 막무가내였다. 결국 그렇게 애지중지한 그 손님 가방은 한국에 돌아와서 짐 찾을 때 한쪽 가방 손잡이가 떨어져 나왔다. 일행의 가방은 다 멀쩡했는데 그렇게 애지중지한 손님 가방 손잡이만 떨어졌다. 그 항공사는 캐리어 손잡이는 가방의 부속품으로 보고 보상을 안 해줬다. 이렇게 애지중지하는 가방은 비행기를 타지 않는 여행에 적합하다. 예를 들어 국내 내륙 여행이나 배로 이동하는 여행일 때 좋다. 가방은 쌀수록 좋다. 30만 원짜리 가방 한 개를 사서 6년을 쓰는 것보다 15만 원짜리 가방을 3년에 1개씩 사서 3년씩 사용하는 것이 더 경제적이고 효율적이다. 부치는 가방은 우리나라에서는 조심스럽게 항공기로 운반하지만, 후진국으로 갈수록 자동화 시스템이 안 되어 있다. 그래서 가방이 무거우면 던진다. 그러다 보면 가방이 깨지거나 찌그러지는 경우가 많다. 그리고 그에 대한 컴플레인을 공항 직원에게 얘기하면 손바닥을 보이며 어깨만 들썩일 뿐이다. 정식으로 가방 파손에 대해 접수하려면 시간이 많이 소요되어 그날 여행 일정을 망칠 수가 있다.

내 몸과 떨어지는 것들은 여행 중에 잃어버릴 수도 있다고 생각하면서 여행 가방을 싸야 한다. 그래서 비싸고 소중한 것을 큰 가방에 넣고 다니면 안 된다. 여행 내내 타고 다니는 차 안에도 비싸고 소중한 것을 놓고 다녀서도 안 된다. 여권, 돈, 보석, 스마트폰 등의 귀중품은 항상 휴대하고 몸의 일부분이라고 생각해야 한다. 가방을 가득 채우면 10이 들어간다고 가정할 때, 한국을 출발할 때는 7 또는 8 정도를 채워 가는 것이 좋다. 그 가방 안 내용물 중에 먹거리를 먹고 나면 6~7 정도 남으면 적당하다. 현지에서 추가로 사는 물건들이 있기 때문이다. 저가 항공을 제외한 가방 무게 제한은 20~23kg이다. 가방의 무게를 다 채워서 여행하게 되면 언제나 가방 때문에 문제가 된다. 무겁기 때문이다. 쌀 포대 20kg짜리를 가지고 다닌다고 생각해보라. 공항에서 많은 손님들의 가방 무게를 딱 들어보면 거의 알 수 있을 정도로 내 손이 신의 손이 된 지도 벌써 몇 십 년이 넘었다. 손님들은 대다수가 15kg 내외의 짐을 싸온다. 보통 이 무게만큼이 적당한 것 같다. 물론 더 가벼우면 좋다. 전에 17일 일정으로 아프리카에 손님을 모시고 갔었을 때 일이다. 첫날 케냐 나이로비에서 손님 한 명 가방이 안 나왔다. 아무리 기다리고 수소문해도 그 손님의 가방은 끝내 찾지 못했다. 그날 밤 급하게 구입한 세면도구와 옷가지, 속옷 몇 벌로 가방 짐이 없는 채로 15일을 여행했는데 그 손님 왈, "크게 불편하지 않았어요."

10. 여행 사진 잘 찍기

여행과 변화를 사랑하는 사람은 생명을 가진 사람이다.
- 바그너 -

여행 중 사진은 대부분 본인 얼굴이 예쁘게 나오면 잘 나왔다 표현한다. 남들이야 그 사진에서 눈을 감았든, 머리만 나왔든 상관없다. 나만 잘 나오면 된다. 뒷배경 경치도 잘 안 보여도 된다. 나만 예쁘고 멋있게 잘 나오면 된다. 나도 십 년 넘게 손님들을 위해 사진을 찍어주면서 노하우라면 거창하지만 사진 찍는 방법을 터득했다. 이렇게 찍어 줬더니 사진 잘 찍는다고 계속 카메라를 나에게 내밀었다.

첫째, 사람을 가까이 두고 찍어야 한다.
나이가 있으신 분들은 가까이서 사진을 찍으면 주름이 보인다고 싫어한다. 주름이 보이는 위치까지 가까이서 찍으면 안 된다. 카메라 화면 반 정도 차게 찍으면 적당하다. 배경을 중요하게 생각하여 사람을 화면 구석에 조그맣게 넣고 찍는 사람들이 있다. 배경은 이미 많이 찍었다. 내가 멋지고, 예쁜 모습으로 거기에 있다는 것을 남기고 싶어서 찍어달라고 하는 것이 대부분이다. 여기서 중요한 건 예쁘게이다. 그러려면 가까이서 찍어야 잘 나온다. 얼굴만 클로즈업해서 찍어도 좋다. 화면에 거의 얼굴만 나오게 찍으면 의외로 작품도 될 수 있다. 요즘 스마트폰 카메라 또는 일반 카메라 성능이 좋아 클로즈업하면 더 선명하게 잘 나온다. 여기서 주의할 점은 정면 얼굴은 찍지 말아야 한다. 약간 15도 정도 옆에서 찍는 것이 잘 나온다. 정면에서 얼굴만 나오게 찍으면 거의 증명사진이다. 또한 선글라스를 낀 분만 얼굴을 클로즈업해야 한다. 맨얼굴은 아무리 예쁘고 잘생겨도 분장이 들어가지 않는 한 가까이 찍으면 나이가 보인다.

둘째, 사람은 그늘에 두고 배경은 파란 하늘을 두고 찍어라.
파란 하늘은 사진에서 정말 그림같이 나온다. 그 어떤 사진도 파란 하늘이 껴 있다면 잘 나온다. 파란 하늘에 흰 구름이 함께 있다면 금상첨화다. 사진작가들도 파란 하늘에 흰 구름 배경 사진을 제일 좋아한다. 우리나라에서는 미세먼지 때문에 이런 파란 하늘을 많이 볼 수 없어 안타깝다. 유럽에 가면 파란 하늘에 넓은 초원들을 볼 수가 있는데 정말 그림 같다. 이런 곳에 사람을 넣고 찍으면 또한 그림의 일부분이다. 사람을 햇빛에 놓고 찍으면 얼굴에 그림자가 진다. 그래서 예쁘지 않다. 그리고 그 햇빛에 있는 사람을 중심으로 찍으면 나머지 배경이 흐리게 나올 수 있다. 반대로 사람을 그늘에 두고 배경이 햇빛에 있으면 사람 얼굴이 흐리게 나온다. 앞에서도 말했듯이 무엇보다 사람 얼굴이 잘 나와야 한다. 배경이 흐리더라도 사람 얼굴이 잘 나오게 찍어라. 사진 찍을 때는 되도록 그늘과 햇빛이 공존하는 위치에서는 찍지 않는 것이 좋다. 카메라 위치에 따라 햇빛과 카메라가 마주 서는 역광이 발생한다. 이때 위치를 바꾸어 손님을 역광에 서게 하면 잘 나온다. 배경이 있어 어쩔 수 없이 역광이라면 역광이 없는 곳으로 이동해서 찍어야 한다. 여행지는 한 위치에서만 있는 것이 아니다. 움직이다 보면 내 경험상 그 배경이 역광이 아닐 때가 분명 있다.

셋째, 모자를 벗고 찍어라.

사진은 배경보다 본인이 예쁘게 나와야 한다. 모자는 그 예쁜 모습에 상극이다. 얼굴을 가리기 때문이다. 사진을 찍으면 모자만 나온다. 물론 모자가 특이하거나 예쁘면 모자와 함께 찍어도 된다. 이제까지 나는 손님이 쓴 모자 중에 그렇게 특이하고 예쁜 모자를 본 적이 없다. 그러니 모자는 벗고 찍어야 한다. 자신의 헤어스타일이 별로라 모자를 쓰고 찍어야 잘 나온다 생각하는 사람들이 있다. 절대 그렇지 않다. 그건 착각이다. 모자를 벗고 찍어야 더 예쁘게 잘 나온다.

단체사진은 되도록 여러 장 찍는 것이 좋다. 왜냐하면 많은 사람들이 찍기 때문이다. 어떤 사람은 잘 나오고 어떤 사람은 눈 감고, 딴 곳 보고, 얼굴이 일부 가려져 나온다. 나는 단체사진 찍을 때 여러 장을 하나, 둘, 셋 하며 소리 내어 찍어준다. 그러면 찍히는 사람들은 본인이 알아서 자세를 바꾸거나 눈을 감지 않으려고 한다. 사진은 이처럼 인물사진도 있지만 배경사진도 있다. 너무나 멋진 풍경을 카메라에 담고 싶을 때가 있다. 많은 여행객들이 이런 배경사진 찍는 데 시간을 많이 할애한다. 그런데 인터넷에 보면 그런 너무나 멋진 사진이 더 멋지게 찍혀 있다. 그러므로 배경사진을 찍고 싶다면 1~2장 찍는 걸로 만족해야 한다. 그리고 눈으로 보고 감상하는 시간을 더 가져야 한다. 그 여행지에서 풍기는 분위기, 냄새, 소리, 역사적 배경, 그때 살았으면 어땠을까? 하는 여러 체험들을 해야 기억에 남고 재미있는 여행이 된다. 항상 여행지마다 카메라를 들고 다니며 사진 찍느라 정신없는 사람들이 있다. 아직까지 풀지 못한 나의 문제가 하나 있는데 그들이 왜 그렇게 사진을 많이 찍는지이다. 가만히 사진 찍은 걸 보면 작품 사진을 찍는 것도 아니다. 그냥 막 찍어댄다. 가이드 설명도 듣지 않는다. 일행과 동떨어져 행동한다. 나중에 여행지를 떠날 때 하는 말은 사진 찍느라 제대로 못 봤다 한다. 그런 사람들이 그렇게 많이 사진 찍어서 집에서 볼까? 아마 그 사진 찍은 날만 한번 볼 뿐이다. 그리고 카메라 깊숙이 남겨져 있다가 지워질 것이다. 옛날 카메라 필름 시대였다면 여행 내내 그렇게 몇천 장을 찍었을까? 사진은 이동하는 장소마다 5장 이내로 찍어라. 인물사진 2~3장, 배경사진 1~2장이면 족하다. 그리고 카메라를 가방 속에 넣어라. 남는 건 사진밖에 없다 하며 사진만 찍는 사람들이 불쌍하다. 남는 건 사진이 아니라 그 여행지에서 잊지 못할 순간으로 돌아와서도 그 설렘이 남아야 한다. 사진은 여행의 한 부분이지 목적이 되어서는 안 된다. 사진으로 하여금 일행들에게 불편함을 주어서도 안 된다.

요즘은 스마트폰을 유용하게 쓸 수 있다. 일행들을 회원들로 하여 단체 카톡방을 개설하면 좋다. 여기에 그날그날 찍은 사진들을 서로 단톡방에 올려라. 그중에서 좋은 사진이 있으면 본인 폰에 다운받아 간직하면 좋다. 여러 사람이 한두 장씩 찍어 올리면 많은 배경사진이 모아질 것이다. 그럼 사진 찍는 데 시간을 많이 할애하지 않아도 된다. 지금 혹 스마트폰에 여행 가서 찍은 셀 수 없는 사진들이 널브러져 있다면 10장만 남기고 정리해라. 그래야 이따금씩 보기라도 한다.

"20년 경력 현직 여행사 사장이 알려주는 여행 꿀팁"

11. 혼자 하는 여행

청춘은 여행이다. 찢어진 주머니에 두 손을 내리꽂은 채 그저
길을 떠나도 좋은 것이다.

- 체 게바라 -

재수 시절 비만 오면 엄마가 싸준 도시락을 가방에 넣고
아무 시외버스에 올라 어디든 여행을 가는 것이 습관이 된
적이 있었다. 혼자라 해서 외롭거나 비가 와서 번거롭지
않았다. 누구에게도 신경 쓰지 않아도 되는 혼자가 좋았다.
마음을 가라앉히는 비가 좋았다. 그렇게 몇 번 비 오는 날
에 여행을 하면서 느낀 것은 여행은 결코 동반자가 없어도
된다는 것이었다. 오히려 사색이 좋았고 어디든 정해놓지
않은 곳으로 발이 움직이는 대로 가는 것이 좋았다. 지금
도 가끔씩 홀로 여행을 꿈꿔보지만 훌쩍 커버린 어른이 되
어서는 그때의 용기가 나질 않는다. 집에서는 아빠로서, 직
장에서는 대표로서, 부모에겐 아들로서 사회의 한 역할을
맡고 있는 내가 그들의 눈치를 보게 되고 다른 사람들을
의식하게 된다. 혹여나 낯선 곳에서 무슨 안 좋은 일이 생
겨 문제가 될 수도 있다는 생각에 혼자 여행은 이제 꺼려
지는 것이 사실이다.

종종 국내여행에서는 혼자 하는 여행을 볼 수 있지만 해

외여행을 혼자 하는 경우는 거의 보지 못했다. 가끔 패키지투어에 있는 듯 없는 듯 홀로 껴서 여행하는 사람을 무슨 사연을 가지고 있는 비련의 주인공처럼 쳐다본다. 그러나 그 당사자는 혼자 하는 여행이 다른 동반자와 하는 여행보다 만족도가 더 높을 것이다. 아마 여행이 끝난 후 만족도에 대한 설문조사를 한다면 그 홀로 여행한 사람이 제일 높은 점수를 주지 않을까 생각한다.

여행의 목적은 무엇인가? 여행은 일상을 떠나 다른 지역의 볼거리, 먹을거리, 즐길 거리로 몸을 즐겁게 하고 마음을 즐겁게 한다. 이로 인해 몸에 퍼져 있는 스트레스와 근심이 녹아져 내려 새로운 재충전의 기회를 갖는다. 내가 행복하게 살아야 하는 자각도 하게 된다. 혼자 하는 여행은 이 목적을 온전히 다 체험하는 데 완벽한 조건을 가지고 있다. 하지만 나의 의지와 상관없이 혼자가 되었다면, 누군가와 함께 여행하고 싶지만 동반자가 없어서 마지못해 하는 혼자의 여행이라면 정말 비참하고 슬픈 경험이 될 수도 있는 것이 혼자 하는 여행이다. 그런 마음으로 혼자 집을 나서는 사람이 있다면 만류하고 싶다. 혼자 하는 여행은 반드시 3가지 조건이 충족되어야 한다.

첫째, 여행지에 대한 충분한 사전 지식이 있어야 한다.

여행지에 대해 아무것도 모르고 나선다면 현지에서 1,000원 하는 물건을 10,000원에 사는 바가지도 사소하게 경험할 수도 있다. 동반자가 있다면 상호 주고받을 수 있는 정보와 시간까지도 혼자서 해결해야 한다. 예를 들어 식당에서 음식을 다 먹고 음식값을 계산할 때 현지 돈이 없다면 일행 중 한 명이 현지 돈이 있을 가망성이 많고, 그렇지 않다면 일행 중 한 명이 근처 환전소를 얼른 다녀온다면 문제를 해결할 수 있다. 이때 만약 혼자라면 사소한 문제지만 어떻게 해결할 것인가? 깐깐한 식당주인이라면 더더욱 문제가 커질 수 있다. 그렇기 때문에 그 지역이 그 식당이 카드나 달러가 되는지 아니면 현지 돈만 사용 가능한지를 알아야 한다.

둘째, 기본적 영어는 할 줄 알아야 한다.

영어는 세계 공통어다. 아니 여행 공통어다. 어떤 여행지든 어느 나라든 어느 인종이든 여행지에서 영어는 거의 전부 다 할 줄 안다. 동남아의 시골 길거리에서 야자수를 파는 아줌마도 외국인에게 영어로 야자수를 잘 판다. 여행 중 영어는 많은 친구를 사귈 수 있는 도구이고, 물건을 저렴하게 깎을 수도 있고, 위급 시 나를 구해줄 수 있는 생명일 수 있다. 그렇다고 영어를 원어민처럼 잘할 것까지는 없다. 고급 토플에서 나오는 영단어와 문장을 구사하면 못 알아듣는 외국인들이 더 많기 때문이다.

셋째, 사교성이 있어야 한다.

여기서 사교성이란 활달하고 외향적인 성격을 이야기하는 것이 아니다. 낯을 가리지 않는다는 말이다. 조용한 내성적인 사람도 얼마든지 모르는 사람에게 길을 물어볼 수도 있고 친구도 사귈 수 있다. 낯을 가리지 않는다는 것은 마음의 문을 닫지 않고 사람을 상대한다는 것이다. 그러면 여행이 외롭지 않고 누구든 친구가 될 수도 있고 인연을 만날 수도 있다.

혼자 여행의 가장 주의할 점은 범죄와 부딪히는 일이다. 작게는 나의 물건을 누군가가 훔쳐 가는 것부터 시작해서 범죄 사고를 당해 사망하는 사례까지 있다. 이것은 누구에게나 일어날 수 있고 혼자 하는 여행에서 더 빈번하게 일어나고 있다. 여성은 범죄 위험에 취약하기 때문에 되도록 누군가의 동반자가 되어 여행하기를 바란다. 꼭 여성 혼자 여행해야 하는 상황이라면 일본, 싱가포르와 같이 대중교통이 잘 되어 있고 치안도 안전한 나라로 가기를 바란다.

'혼밥', '혼술'처럼 요즘 혼자 하는 것이 대세가 되고 있다. 혼자 하는 여행이 내게 맞는가를 알고 싶다면 한 가지 팁을 줄 수 있다. 지난번 여럿이 여행 갔던 곳을 혼자 다시 가보면 알 수 있다. 혼자 가서 더 많은 즐거움이 있었다면 혼자 하는 여행이 본인에게 맞는 것이다. 그렇지 않고 여럿이 갔던 여행지를 혼자 간다는 생각만 해도 끔찍하다거나 지난번 여럿이 갔을 때 느꼈던 즐거움이 더 컸다면 혼자 하는 여행은 내게 맞질 않다. 대부분 혼자 여행하는 사람들의 특징을 보면 삶이 주도적이고 집에서도 혼자 잘 노는 사람들이다. 또한 생각을 좋아한다. 무언가 잘 풀리지 않고 복잡한 일이 나에게 닥쳤을 때 홀로 여행을 떠나보라. 이런 복잡한 일로 여행에 동반자가 함께 하면 절대 안 된다. 혼자 가야 한다. 그것은 불어오는 폭풍우를 피하는 것이 아니라 폭풍우와 맞서는 일이다. 엉켜 있는 실타래를 혼자만의 시간들과 새로운 환경에서 풀어라. 그럼 막혀 있는 수챗구멍이 펑 뚫리듯 그 여행이 당신에게 해답을 줄 것이다.

혼자 떠난 여행에서 멀리 떨어져 있는 내 친구, 가족, 연인과 통화를 하고 편지를 쓰고 메일을 보냄으로써 내 마음을 전달하면 효과적이다. 그렇게 떠난 여행에서 전하는 마음은 온전히 진실일 것이고 상대방도 그 진실을 더 절실히 받아들일 것이다. 그들도 나의 진심을 그제야 받아들이고 더 이상 오해를 하지 않을 것이다. 잘하면 한마디의 말로 천 냥 빚을 갚을 수 있다. 기회가 된다면 풍족하지 않은 경비와 최소한의 짐만 가지고 홀로 떠나라. 그리고 일상에서 수없이 말을 뱉어낸 나의 입을 잠시 쉬게 하고 한동안 묵언수행을 하며 머릿속의 생각으로 보내보라.

"20년 경력 현직 여행사 사장이 알려주는 여행 꿀팁"

12. 여행 동반자

진정한 여행은 새로운 풍경을 보는 것이 아니라
새로운 눈을 가지는 데 있다.

- 마르셀 프루스트 -

재수 시절 비 올 때 떠난 버스여행은 행선지가 어디든, 목적지가 어디든 중요한 것이 아니었다. 떠난다는 것이 중요했다. 차창 밖으로 보이는 비 오는 풍경이 좀처럼 보기 드문 세상을 연출한다. 비는 내 20살에 여행 친구였다. 마음을 들뜨게 하는 쨍쨍한 햇빛보다 마음을 차분히 가라앉혀 주는 비가 더 좋았다. 비와 함께한 그 여행들이 25년이 더 지난 지금도 생각난다. 여행에 있어서 친구는 음식의 양념장 같은 역할을 한다. 아무리 좋은 음식도 양념이 빠졌거나 잘못 넣으면 그 음식은 맛없는 음식이 된다. 아무리 볼만한 것들, 특별한 이벤트들로 짜인 여행이라도 함께 하는 일행이 마음에 들지 않으면 즐거움은 반이 된다. 나는 지금도 우스갯소리로 여행 마지막 날 이번 여행이 재미없었으면 다음엔 함께 온 일행을 바꿔보라고 한다. 물론 사람마다 여행 스타일이 다를 수 있다. 혼자 사색하기 좋아하고 말하기 싫어하며 이어폰을 끼고 낯선 풍경에서 걷기를 좋아하는 사람도 있다. 하지만 아무래도 누군가와 함께 한다면 그 재미가 배가 되는 것은 사실이다. 만약 혼자가 아닌 둘이서 여행을 가고 싶은데 동반자를 구하지 못했다면 주위 사람들을 둘러보라. 그리고 몇 가지만 체크하면 된다.

첫째, 가장 친한 사람과 함께 가라.

여행은 자기 자신의 허물까지 모두 보여준다. 잠시 동안 함께 있는 것이 아니라 24시간 몇 날 며칠을 함께 해야 한다. 나의 가려진 단점도 그 사람에게 보여줘야 한다. 그 단점까지 받아줄 수 있는 사람과 함께 가야 한다. 여행 다녀와서 절교하는 사례들이 이런 단점 때문에 그런 경우가 많다. 그래서 대부분 여행은 가족과 가장 많이 간다. 아니면 정말 내 집 숟가락이 몇 개인지 아는 사람이 누구인지 체크해보고 그 사람과 함께 가라.

둘째, 경제적 수준이 비슷한 사람끼리 가라.

나는 맛이 중요해서 3개에 만 원 하는 사과를 먹고 싶은데, 동반자는 양이 중요해서 10개에 만 원 하는 사과를 산다. 나는 언제 다시 올 줄 모르니 모든 체험을 다 해보고 싶은데 동반자는 골라서 딱 2개만 한다. 이렇게 서로 돈 쓰는 문제로 여행에서 충돌이 일어나게 되게 다툼으로 번진다. 이것은 또한 여행을 결정할 때부터 문제가 된다. 나는

"20년 경력 현직 여행사 사장이 알려주는 여행 꿀팁"

5성급 호텔에 직항을 타고 가고 싶은데 동반자는 4성급 호텔에 경유 비행기를 타자고 한다. 이런 경우 빨리 그 동반자와 여행 가기를 포기하는 편이 좋다. 어찌어찌해서 간 여행이 현지에서 더 큰 언쟁과 다툼으로 결국 여행은 망친다. 굳이 꼭 그래도 그 동반자와 함께 가야 한다면 내가 그 수준에 맞춰야 한다.

셋째, 나와 반대의 성격과 함께 가라.

내가 내성적이면 외향적인 사람, 반대로 내가 외향적이면 내성적인 사람과 함께 가면 좋다. 상호 보완적이기 때문이다. 나는 이 조합을 성격이 잘 맞는다고 표현하고 싶다. 마치 톱니바퀴처럼 성격이 서로 맞물려 잘 돌아간다. 여행에서 기쁜 일, 좋은 일은 아무 성격이나 문제가 되지 않는다. 문제는 기분 나쁠 때이다. 내가 화를 낼 때 같이 화를 낸다든지, 아니면 서로 꿍하고 분위기를 계속 여행 끝날 때까지 가지고 가면 서로 손해다. 화를 참지 않고 바로바로 내는 사람은 금방 또 풀어지는 장점이 있다. 그리고 참고 있었던 내게 바로 사과한다. 혹 다툼이 있더라도 어떤 식으로도 해결하고 그날 맥주 한잔으로 풀어진다. 그러면 다음 날부터 서로 더 조심하게 된다.

훗날 지난 여행을 생각할 때 풍경, 맛, 체험도 생각나지만 함께 했던 그 친구가 가장 생각나기도 한다. 대학교 1학년 때 처음 나가본 해외여행 동반자인 초등 친구가 지금은 연락이 안 돼 어떻게 살고 있는지 궁금하다. 그 친구로 하여금 많은 에피소드가 있었던 그 여행을 나는 아직도 잊을 수가 없다. 돌아갈 수만 있다면 그 젊은 시절 그 친구와 다시 한번 그 여행을 하고 싶다. 호텔방 안에서 나오는 음악을 끌 줄 몰라 밤새 시끄러운 음악을 들으며 잘 수밖에 없었고, 젊은 한국 남자들이 왔다고 마을 주민이 현지 젊은 여대생을 우리에게 소개시켜 주기도 했던 그 순간에 여행 친구가 그립다.

여행은 낯선 만남에 대한 나의 느낌을 좋게 하는 역할도 한다. 낯선 도시, 낯선 풍경, 낯선 사람, 낯선 음식 등 모든 것이 낯설지만 여행이라 좋다. 그중에 낯선 사람과의 만남이 가장 인상 깊지 않을까. 그런데 우리 한국 사람 정서에는 낯선 사람과는 말도 하지 마라는 강한 교육적 강박증이 있어 여행에서 외국 사람과 인연을 맺기는 정말 어렵다. 패키지여행에서는 그 나라 말을 한마디도 못 해도 된다. 현지인과의 접촉은 거의 없기 때문이다. 이런 시스템을 싫어하는 사람들이 자유여행을 선호한다. 자유여행은 일단 물어봐야 하기 때문이다. 그러면서 자연스레 현지인과 접촉하게 되고 조금 친절한 현지인은 곧 친구도 될 수 있다. 나쁜 의도로 접근하는 현지인을 논에서 피를 뽑아내 듯 가려낼 수만 있다면 여행에서 얼마나 도움이 될까 생각해본다.

여행에서 현지인 친구를 알게 된다면 여행의 재미는 두 배가 된다. 나는 자유여행이든 패키지여행이든 현지인과 친구가 되기를 적극 추천한다. 조금만 용기를 낸다면 얼마든지 친구가 될 수 있다. 여기서 한 가지! 아무나 친구가 되어주지 않는다는 것만 알면 된다. 가장 말 붙이기 쉬운 상대는 동양인, 서양인을 망라하고 50대 이상의 아줌마, 아저씨들이 친구 되기가 비교적 쉽다. 지난번 중앙아시아 키르기스스탄에 손님을 모시고 다녀온 적이 있었다. 밤에 손님이 안 보여서 한참을 걱정했는데 밤늦게 호텔로 돌아왔다. 이유를 들어보니 낮에 어떤 50대 현지인 아줌마를 만났는데 그 현지인이 집으로 저녁 초대를 해서 호텔과 멀지 않아 다녀왔다는 것이다. 그러면서 그 집에서 있었던 이야기를 여러 손님들에게 신명 나게 하는 것을 보았다. 아마 그 손님에게는 그 일이 가장 재미있는 여행의 한순간이 되었을 것이고, 평생 기억에 남았을 것이다. 이렇듯 여행에 있어서 낯선 사람과의 만남은 좋은 기억으로 오래 남는다.

여행 동반자가 꼭 사람일 필요는 없다. 음악을 좋아하는 사람은 스마트폰에 저장된 본인만을 위한 곡들이 여행 친구가 되어 그 장소에서 감동을 더해줄 것이다. 사진 찍기를 좋아하는 사람들은 카메라를 친구로 삼아 한순간에 잊힐 그날의 감동 영상을 담아 영원히 간직할 것이다. 이 밖에 보이지 않는 친구들도 있다. 고독과 외로움도 친구가 될 수 있고, 환희와 감동도 여행에서는 얼마든지 친구가 될 수 있다. 여행 동반자라는 의미는 그저 누군가와 함께 여행 간다는 것이 아니라 즐거움과 감동을 배로 하고 슬픔과 괴로움을 반으로 줄이기 위해 함께 하는 그 무엇인 것이다. 그것이 가족일 수 있고, 연인일 수 있고, 작년에 저세상으로 간 친구일 수도 있다.

13. 여행 쇼핑

여행은 그대에게 적어도
세 가지의 유익함을 가져다줄 것이다.
하나는 타향에 대한 지식이고
다른 하나는 고향에 대한 애착이며
마지막 하나는 그대 자신에 대한 발견이다.

- 브하그완 -

여행에서 쇼핑은 또 다른 재미이다. 물론 사고 싶은 것을 샀을 때 재미있다. 패키지여행에서 쇼핑은 여행사와 결부되어 있어 현지라고 해서 전부 싸지 않다. 일반 시중보다 가격이 비싼 것도 있다. 쇼핑은 과다하게 하지 않는 것이 좋다. 본인이 생각할 때 쇼핑에 돈을 많이 썼다라고 생각하면 안 된다는 것이다. 그러니 사람마다 쇼핑 금액이 다를 것이다. 패키지여행에서 물건을 사 왔는데 물건에 하자가 있거나, 알아보니 비싸게 주고 샀다라고 생각하는 손님들이 환불을 요청하는 사례들이 종종 있다. 이럴 때면 손님과 여행사 모두 불편하다. 환불이라는 것은 서로에게 불신을 낳는 일이다. 카드 취소처럼 바로 되는 것이 아니고 해외 구입이라 절차가 있어서 최대 환불 금액을 받기까지 한 달도 걸린다. 물건을 택배로 여행사가 받고 이를 현지에 보낸다. 고가품이면 당장 현지에 보낼 수도 없다. 사람 편을 시켜 보내야 한다. 판매점에서는 물건에 손상이 안 갔는지 확인 후 환불 금액을 보내준다. 이를 다시 손님에게 보내줘야 한다. 편의를 위해 여행사는 환불 금액을 미리 손님에게 주고 나중에 현지 쇼핑점으로부터 받으면 되지만 혹 쇼핑점에서 환불이 안 된다 하면 여행사가 고스란히 손해를 보기 때문에 그렇게도 안 된다.

해외에서 물건을 살 때 한국 돌아가서 하자가 있어도 교환, 환불이 어렵다고 생각하고 물건을 사면 된다. 그러면 자연스레 고가의 물건은 안 사게 되어 있다. 본인이 감당할 값어치만큼만 산다. 개인마다 다르겠지만 그 기준이 물건 하나에 100달러가 넘어가면 고가라고 많이들 생각한다. 이제껏 100달러 이하의 물건을 환불, 교환해달라는 손님은 없었다. 바꾸어 말해 100달러 이하 물건은 하자가 있거나, 바가지를 썼거나 해도 손님이 감당을 한다. 정리하면 쇼핑에서 한 개의 물건이 100달러 이상 하는 것은 되도록 구매하지 않는 것이 좋고, 만약 100달러 이상이라면 교환, 환불이 안 된다 생각하고 사야 한다. 물론 쇼핑점에서는 언제든 교환, 환불이 가능하고, 효능, 효과가 없으면 즉시 환불해준다 말한다. 다만 그 절차가 까다롭고 시간이 많이 걸려서 문제다. 그러면 여행 시 꼭 사야 할 물건은 뭐가 있을까?

첫째, 그 나라를 대표하는 기념품이다.

많은 사람들이 기념품 하면 그 나라 그림이나 글씨가 있는 열쇠고리, 볼펜 등 한 개에 1~2달러 하는 것을 생각한다. 물론 이런 물건들도 좋다. 하지만 인기가 가장 낮은 물건들이다. 기념품은 그 나라에만 있는 물건들을 말한다. 물건에 그 나라 이름을 새겨놓고 파는 것은 기념품이 아니다. 관광객을 위해 인위적으로 만든 것은 기념품이 아니다. 우리나라 오면 한국을 대표하는 기념품이 뭐가 있을까? 다른 나라에는 없고 우리나라에만 있는 것. 나는 그 나라 사람들이 많이 이용하는 대형마트에서 구입하는 것을 적극 추천한다. 때타올, 고무신, 쇠 젓가락 등 한국에서만 살 수 있는 물건들이 한국 기념품이다. 인사동 외국인 거리에 가면 외국인을 위해 만들어놓은 인위적인 기념품들이 있다. 자세히 보면 나도 처음 보는 물건들이 많다. 한복을 입은 신랑 신부 인형도 나에게는 낯설다.

둘째, 특산물이다.

이것 역시 그 나라에서만 살 수 있는 물건이다. 우리나라 특산물로 가장 대표적인 것이 김이다. 우리는 잘 모르는데 우리나라 김이 그렇게 맛있단다. 유럽에 가면 올리브 기름이 유명하다. 차를 타고 가다 보면 밖의 경치가 온통 올리브나무이다. 동남아 쪽은 고무나무가 많다. 그래서 라텍스가 유명하다. 독일은 칼이 유명하고, 아프리카 케냐 나이로비에 가면 커피가 유명하고, 남미 페루에 가면 알파카 털이 유명하다. 여기서 주의해야 할 것은 앞에 얘기했듯이 가격이다. 아무리 유명하더라도 본인이 감당할 수 있는 가격대의 특산물을 사야 한다. 또한 희귀성이 있는 귀한 물건들은 일단 의심을 한번 해야 한다. 희귀성이 있는 물건들을 관광객에게 판다는 것 자체가 희귀성이 없는 것이다. 가짜일 가망성이 크다. 우리나라에는 없지만 그 나라에는 흔하게 있는 것들이 좋다. 싸고 좋기 때문이다.

여행을 가게 되면 주위 사람들에게 여행 잘 다녀왔다고 선물을 해야 하는 경우가 있다. 아니면 그냥 가도 되는데 친한 사람들에게 무언가 사다 주고 싶을 때가 있다. 이때 많은 사람들이 '무엇을 사 줘야 주위 사람들이 좋아할까'라며 나에게 많이들 물어본다. 난 그때마다 항상 같은 대답을 해준다. "다 있을 거예요! 돈으로 주시든가 그냥 가세요!" 정말 그렇다. 요즘은 필요한 것 또는 갖고 싶은 것을 모두 소유하는 시대가 되었다. 내 말대로 그 사람 집 서랍 안에는 전 세계에서 사 온 열쇠고리와 볼펜이 가득 차 있을 것이다. 꼭 필요할 것 같아 사 준 내 선물이 어느 날 가본 그 집 한구석에서 걸레짝이 되어 썩고 있다. 그렇기 때문에 절대 남을 위

"20년 경력 현직 여행사 사장이 알려주는 여행 꿀팁"

한 선물을 사지 마라. 정 사다 주고 싶으면 가격이 싸면서 한 번에 다 먹을 수 있는 맛있는 그 무언가를 사다 줘라. 그 이외에는 상대방이 선물을 받으면서 돈이 아깝다 생각한다. 돈이 한 번 들어오면 잘 안 나간다는 악어 지갑도 지난번에 사 줬는데 아직도 장롱에 악어처럼 숨어 있다.

여행 일정을 만들 때 쇼핑 항목을 넣게 되면 쇼핑에 대한 부담이 적다. 패키지여행 가서도 쇼핑을 한다고 생각하면 쇼핑점에서 보내는 시간이 아깝지 않다. 다만 여행기간이 짧고 여행지를 보는 시간은 더 짧은데 쇼핑에 많은 시간을 투자한다면 좋은 일정이 아니다. 그것도 내가 원하지 않는 쇼핑이라면 더욱 짧아야 한다. 그러면 패키지여행에서 어떻게 하면 짧게 쇼핑을 끝낼 수 있을까? 그건 물건을 빨리 사는 것이다. 액수는 중요하지 않다. 보통 가이드들은 손님들이 물건을 사지 않으면 정해진 시간까지 쇼핑점에 손님들을 머물게 둔다. 그렇지만 물건을 저마다 한두 개씩 사고 손에 들고 나오면서 가이드에게 가자고 하면 바로 출발한다. 여행사에서 쇼핑점에 들르는 것은 손님에게 물건을 사게 하기 위한 목적이다. 물건을 사면 목적 달성이다. 물건을 다 샀는데 정해진 시간까지 기다리라고 하는 가이드는 없다. 물건을 사게 되면 가이드는 기분이 좋아진다. 쇼핑 시간이 짧아졌기 때문에 시간도 남아돈다. 그러면 가이드는 일정에 없는 코스도 보여준다. 버스 안 분위기는 좋다. 손님도 돈을 썼으니까 일단 좋다. 가이드도 돈을 벌었으니까 덩달아 좋다. 갑자기 가이드가 노래를 한 곡 한다. 버스 안 분위기는 용광로와 같이 박수와 환호성이 터져 나온다. 일정에도 없는 곳을 더 보여준다니 여행이 점점 재밌어진다. 반면에 손님들이 물건을 사지 않았다. 있어야 할 시간까지 꽉꽉 채우고 버스에 오른다. 손님들은 돈을 쓰지 않았고 시간을 버렸다 생각해 기분이 안 좋다. 가이드도 손님들이 물건을 안 사서 기분이 꿀꿀하다. 조용한 침묵으로 정해진 다음 장소로 이동한다. 가이드 얼굴이 굳어 있다. 손님들은 영문도 모르고 화가 난 것처럼 보이는 가이드가 불친절하다 생각한다. 버스 안은 점점 냉동 창고가 되어간다.

패키지여행에서 쇼핑과 선택관광은 필요악이다. 안 하면 좋지만 반드시 해야 하는 숙제인 것이다. 아니면 쇼핑과 옵션이 없는 고가의 여행 상품으로 가든 자유여행을 가라. 피할 수 없으면 즐겨라. 어차피 여행은 즐거워야 한다.

"20년 경력 현직 여행사 사장이 알려주는 여행 꿀팁"

14. 즐거운 여행 조건

친구를 알고자 하거든 사흘만 여행을 해라.

- 서양 속담 -

미국 나사(NASA)에서 우주비행사가 앉는 조정석 자리를 여러 우주비행사의 체격과 몸무게를 통계 내서 그 평균값으로 자리를 만들었는데 그 자리에 딱 맞는 우주비행사는 한 사람도 없었다 한다. 어느 한 부위는 맞지 않았다는 것이다. 여행도 마찬가지다. 많은 사람들이 좋아하는 장소, 가격, 시간, 잠자리를 통계 내어 가장 적합한 상품을 여행사가 만들어 매체에 홍보한다. 하지만 손님이 그 여행 상품에 맞추지 않는 한 그 누구도 이 여행 상품은 나를 위해 만들어졌어! 너무 좋아! 하는 사람은 없다. 내 취향에 맞는 호텔, 좋은 경치, 멋진 가이드, 매끼마다 먹는 맛있는 음식이 나를 황홀하게 만들지만 매번 타는 버스에서 내가 싫어하는 냄새가 난다든가, 일행 중 한 사람이 자꾸 딴지를 걸어 분위기를 흐려놓는다. 아니면 가는 장소마다 내가 오는 줄 어떻게 알고 하늘에서 비를 내려주신다. 이런 것들은 군이 패키지투어가 아니라도 자유여행에서도 일어날 수 있는 일이다. 아니 살아가면서 모든 사람들에게 언제 어디서나 일어날 수 있다. 그런데 마치 잘못된 여행을 선택해서 이런 문제가 발생했다 착각하는 사람들이 종종 있다. 여행에 만족하지 못한 사람들이 그렇다. 여행은 조건도 중요하다. 그런데 그보다 더 중요한 것은 마음가짐이다. 여행 중에 비가 내려도 '더운데 시원하게 비가 와서 고맙네', 딴지를 걸어 분위기를 흐려놓는 일행이 있다 해도 '내 마음속에 있는 것을 시원하게 대신 해줘서 고맙네', 냄새나는 버스를 타도 '우리나라 버스는 이런 버스에 비하면 너무 좋다' 하고 뭐든 긍정적으로 풀어내야 여행이 즐겁다. 정말 그렇다. 여행은 순간순간 느끼는 감정으로 여행의 재미를 결정한다. 패키지여행이건 자유여행이건 장단점이 다 있다. 하지만 마음가짐이 제일 중요하다.

여행은 평생을 기억할 만한 즐거움을 얻기 위해 가는 것이다. 즐거움을 얻기 위해서는 여러 조건들이 맞아야 한다. 나는 20년 넘게 여행업에 종사하면서 많은 팀들의 여행 일정을 만들었다. 그리고 몇몇 팀들은 직접 모시고 해외를 나갔다. 그때마다 느끼는 것이 같은 지역을 같은 스케줄로 가는데 어떤 팀은 재밌었고 어떤 팀은 고생만 했다. 처음엔 그런 차이가 팀 구성원의 문제라 단정 짓고 이런 팀도 있으면 저런 팀도 있다고 생각하며 그냥 넘겼다. 그러나 시간이 지남에 따라 재밌는 팀과, 재미없는 팀의 구별점이 있었다. 어쩌면 수학 공식과도 같은 규칙이었다. 어떠한 환

"20년 경력 현직 여행사 사장이 알려주는 여행 꿀팁"

경에서도 다음의 규칙은 거의 통했다.

첫째, 팀 분위기를 만드는 사람이 한두 명 있다.

그 한두 명은 대부분 활달한 성격이다. 그리고 말이 많다. 아무 때나 나선다. 기분이 시시때때로 변한다. 갑자기 좋았다가 침울하기도 한다. 그런 사람들은 맹맹한 국물에 조미료 같은 역할을 한다. 감칠맛 나는 여행을 하게 한다. 사실 가이드는 그런 나대는 손님을 별로 좋아하지 않는다. 주도권을 그 손님에게 빼앗겨 가이드가 원하는 대로 팀을 운영하지 못할 때가 있기 때문이다. 혹 일행 중 이런 분위기를 만드는 사람이 없다면 나라도 자처를 해야 한다. 그러면 언제나 한쪽 구석에 말없이 있던 나를 다시 보게 되어 다음 승진에 내가 발탁될 것이다. 또한 나도 모르는 내면의 내 끼를 알아차림으로써 그렇게 바라던 연예계로 데뷔하여 매일 밤 방에서 환장하게 연습했던 막춤을 시청자에게 선보일 수 있는 것이다.

둘째, 부부 팀이 적고 중년 아줌마가 많을수록
**　　　분위기가 좋다.**

부부 팀은 신혼부부, 중년부부, 아니면 노부부이든 여행 중에는 모두 어색해 보인다. 몇십 년을 함께 산 부부도 여행 중에는 어색해 보인다. 분명 부부 같은데 아닌 것 같다. 왜냐하면 그런 여행을 부부가 함께 한 경험이 많질 않기 때문이다. 서로가 어떻게 해야 하는지 잘 모른다. 부부 뜻대로 하는 것이 아니고 수동적으로 움직이는 그룹에 일원이 되다 보니 더 어색해 보인다. 보통 부부 팀은 아버지는 조용하고 어머니가 말이 많든가 아니면 둘 다 조용하다. 나는 둘 다 말이 많은 부부는 본 적이 없다. 그런 부부가 있다면 여행에서만큼은 정말 잘 어울리는 한 쌍의 부부처럼 보일 것이다. 그래서 부부 팀이 많을수록 팀이 조용하다. 그런데 동창생 부부 모임 팀은 말이 또 달라진다. 대부분 남자 쪽 고향 동창 또는 초등학교 동창 부부 모임이 많다. 이런 부부 팀은 분위기가 좋다. 반면에 중년 아줌마 손님은 세상 모진 풍파를 다 겪고 이제 편안할 시간이 된 나이다. 남편과 아이들 뒷바라지를 끝내고 이제 자유로워졌다. 몸은 갱년기가 찾아와 남성 호르몬이 더 생겨 부끄럼이 별로 없다. 힘도 세다. 빨갛고 파란 원색을 좋아한다. 한번 눈에 들어오는 물건이 있으면 어떠한 환경에서도 그 물건을 산다. 거리에 신나는 음악이 나오면 장소를 막론하고 몸을 흔들어댄다. 매번 식사 때마다 맥주를 시켜 먹고, 주위 사람들에게 한잔씩 권한다. 풍부한 감성으로 지나가며 보는 꽃들에 매료되어 사진을 찍고 가야 한다. 가이드 말 한마디에 배꼽을 잡고 웃는다. 약간 야한 얘기를 하면 더 좋아한다. 가이드를 들었다

났다 한다. 정에 약해 지나가는 불쌍한 아이에게 사탕이라도 주고 간다. 한 팀에 그런 아줌마가 있다면 여행 재미는 2배가 된다. 예삿일이 그 아줌마한테는 한 편의 드라마가 되고 낭만과 추억이 된다. 그걸 지켜보는 주위 사람들은 상대적 만족감이 높다. 여행사에서는 이런 아줌마들을 제일 좋아한다. 돈도 잘 쓰고 만족도도 높고 팀 분위기도 좋다. 물론 다 그렇지는 않지만….

셋째, 일정이 빡빡할수록 분위기가 좋다.

일정이 빠듯하면 피곤하고 기분이 가라앉을 것 같지만 사실은 그와 반대다. 분위기만 놓고 본다면 오히려 한가한 일정이 지루하고 재미가 없다. 그래서 한국 투어는 일정을 빡빡하게 짜놓는다. 분위기 좋은 팀은 잠잘 틈도 없이 현지에서 일정을 더 만들어낸다. 여유로운 일정을 좋아하는 외국인이 우리 일정을 보면 고개를 절레절레 젓는다. 그렇지만 우리가 보면 좋은 일정인 것이다. 급박하고 스릴 있게 돌아가는 액션의 한 장면처럼 여행도 그렇게 움직여줘야 재미있다. 빨리빨리 해야 살아남는 한국에서 차 한잔의 여유로움을 만끽하지 못해 생긴 습관이 이런 여행문화와 정서를 만들었다. 안타까운 현실이지만 어쩔 수 없다. 당장은 아니더라도 이런 여행 패턴은 분명 바뀔 거라 장담한다. 누군가 수동적으로 경치를 보여주는 것이 아니라 내가 능동적으로 경치를 보는 여행으로 바뀌면 이런 바쁜 일정이 여유롭게 변하더라도 재미있는 여행의 조건이 될 것이다.

여행은 본인이 느끼는 것이다. 똑같은 장소에서 똑같은 것을 보고, 먹고 해도 저마다 느끼는 감정은 다르다. 누구는 맛있고 볼만했다 말하고, 누구는 맛없고 지루했다 말한다. 그런 차이는 앞에서 말한 대로 성격과 연관이 깊다. 즐거운 여행의 필수 조건은 위에 열거한 주위의 조건보다 본인 조건이 훨씬 더 중요하다. 어떠한 마음으로 여행하느냐가 제일 중요하다. 지금 내가 있는 장소에서 지금을 즐겨야 한다. 이제 일상으로 돌아가 출근하면 지난번 실수한 일로 부장에게 깨질 생각을 여행 중에 해서는 안 된다. 그 생각은 출근 전날 밤 집에 가서 해야 한다. 여행 중 쓰려고 가지고 온 돈으로 다음 달에 카드 값 갚아야지 하면 안 된다. 여행에 쓰려고 가져왔으면 여행 중에 써라. 그 돈을 쓰기 위해 여행을 온 것이다. 카드 값은 친구에게 빌리고 당분간 친구와 연락을 끊으면 되는 것이다. 돈이 아까우면 여행을 처음부터 포기하고 그 돈으로 카드 값을 갚아야 한다. 돈 때문에 여행을 스트레스와 함께하면 안 된다. 여행은 엎질러진 물과 같다. 이미 시작했고 여행하고 있으니 최선을 다해 본전을 뽑아야 한다. 그러려면 평생 기억에 남는 에피소드로 여행을 재미있게 해라.

"20년 경력 현직 여행사 사장이 알려주는 여행 꿀팁"

15. 현지 음식

여행은 정신을 다시 젊어지게 하는 샘이다.

- 안데르센 -

평소에는 잘 먹지 않던 김치가 없다는 생각만으로 김치가 먹고 싶어진다. 밥을 좋아하지 않던 내가 한식이 그리워질 때가 해외여행이다. 떫은 감을 먹고 입안이 아릴 때 그 입안을 말끔히 헹구어내는 뭔가의 역할을 한식이 한다. 외국 도시 한복판에 우뚝 서 있는 한식당에서의 밥 한 끼가 거북하고 불편한 입맛과 속을 달래준다. 그 한식 한 끼로 그동안의 여독과 스트레스를 날려버릴 때도 있다. 있을 때는 몰랐다가 헤어지고 나서야 소중함을 아는 연인관계처럼 외국에서의 한식은 여행에서 필수처럼 되어버렸다. 심지어 여행 계획을 세울 때부터 현지에 한식당이 있는 곳으로 가는 사람들도 있다. 나에게도 많은 손님들이 "거기 가면 하루에 한 끼는 한식 줘야 돼요" 하며 마치 한식을 사막의 오아시스와도 같이 비유한다. 한식이 없는 여행은 노른자 없는 계란이요, 단맛 없는 사탕이다.

나 역시도 긴 일정에서 한식이 생각난다. 그게 왜 그럴까? 한식을 찾는 사람들을 보면 나이 든 중년 이상 연세 드신 분들이 많다. 이 분들은 평생 입맛이 한식으로 길들여져 있어서 배고플 때는 밥과 반찬을 먹어야 하는 분들이다. 다른 현지 음식은 안 먹으려 한다. 이분들에게 현지 음식을 먹게 하려면 방법이 있다. 현지 음식 중에 기름기가 없는 매운 음식을 주면 된다. 그것도 없으면 생야채를 주면 잘 먹는다. 잘 차려진 현지 음식을 놔두고 생야채와 고추장만 먹고도 잘 먹었다 할 분들이다.

여행 중에 입에 맞지 않아 식사를 제대로 못 하는 음식은 크게 3가지로 나뉜다.

첫째, 기름기 위주의 음식이다.

주로 중국 쪽 음식이다. 나이 드신 분들은 어떤 음식이든 기름기가 있으면 잘 못 먹는다. 중국은 책상과 비행기를 제외하고는 다 기름에 튀긴다는 가이드 말이 있듯 거의 모든 음식이 기름과 연관이 깊다. 그래서 기름기를 싫어하는 손님들은 첫날부터 음식 때문에 스트레스가 엄청나다. 중국은 어느 식당이든 한국에서 가져온 밑반찬을 꺼내 먹을 수 있다. 기름진 음식이 안 맞으면 고추장과 간단한 밑반찬을 미리 준비해서 중국 여행을 하는 것이 좋다.

"20년 경력 현직 여행사 사장이 알려주는 여행 꿀팁"

둘째, 빵과 관련된 밀가루 음식이다.

유럽과 미주 쪽 여행에서 빵과 치즈 때문에 고생하는 분들이 많다. 특히 호불호가 심하게 갈리는 음식이 유럽 음식이다. 우리나라 입맛이 젊은 세대로 갈수록 서구식 입맛이 가미되어 어떤 팀들은 아침식사로 호텔에서 나오는 다양한 빵과 치즈에 행복해한다. 그 옆 팀들은 먹을 거 없다며 투정을 부린다. 빵과 치즈를 좋아하는 팀들은 점심에 먹는 스파게티와 피자에 행복해한다. 그 옆 팀들은 제대로 먹는 한 끼 식사가 없어 불평이다. 유럽 식당은 한국에서 가져온 밑반찬도 꺼내놓을 수 없어 더욱 밥 먹기 힘들다. 이럴 땐 튜브식 고추장이 유일한 해답이다. 유럽의 어떤 식당에서도 튜브식 고추장을 고추장으로 생각하지 않는다. 내가 고추장이라고 말하기 전까지 케첩으로 생각한다. 냄새가 거의 없기 때문이다. 그냥 꺼내서 케첩 발라 먹듯 모든 음식과 함께 먹으면 된다. 빵에 발라 먹고, 스테이크에 뿌려 먹고, 스파게티에 섞어 먹으면 된다. 현지인이 물어보면 케첩이라고 하면 끝이다. 다만 반드시 짜 먹는 튜브식 고추장을 가져가야 한다. 비닐봉지 안에서 꺼낸 락앤락에 들어 있는 볶은 고추장은 곧바로 퇴출이다.

셋째, 향이 강한 음식이다.

일반적으로 카레는 누구나 잘 먹는다. 하지만 인도 카레는 향이 짙어 우리나라 사람들은 잘 먹지 않는다. 태국에 가면 향이 강한 채소가 몇 가지 있는데 이런 채소가 들어간 음식은 한국 사람들이 잘 먹지 못한다. 일반적으로 향이 강한 음식이 있는 나라는 쌀밥이 있는 나라이다. 음식의 향이 강해 먹기가 불편하다 생각되면 밥을 좀 더 많이 입안에 넣으면 도움이 된다. 그리고 가지고 온 고추장을 꺼내라. 그러고 보니 고추장은 해외여행에서 없어서는 안 되네! 중요한 거네! 꼭 챙겨 가야겠네!

유럽 및 북미를 제외하고 전 세계 어느 식당을 가든 한국에서 싸 온 음식들은 거의 꺼내 먹을 수 있다. 왜냐하면 그들 음식도 냄새가 나는 음식들이기 때문이다. 나라마다 날씨, 인종, 종교가 다르듯 먹는 음식도 이에 따라 다르다. 무엇이든 다 그렇겠지만 항상 기준을 우리나라 또는 나로 생각한다. 그러다 보니 각 나라로 여행을 가다 보면 먹는 음식을 두고 설왕설래한다. 소를 신성시하는 인도에 가서 소고기를 찾는다든지, 채소가 귀한 알래스카에 가서 상추쌈을 찾는다든지, 아니면 귀한 손님이 왔다고 내놓은 몽골 수태차가 내가 좋아하는 아메리카노가 아니어서 불평을 한다면 상대방은 난감해할 것이다. 요즘 '먹방 여행' '맛집 투어'라는 신조어들이 생겨날 만큼 그 지역에서만 먹을 수 있는 음식들이 많다. 전 세계인들의 입맛이 다르다 해서

"20년 경력 현직 여행사 사장이 알려주는 여행 꿀팁"

그 나라에서 유명한 음식이 그 나라 그 지역 사람만 맛있는 것이 아니다. 사람이라는 전제를 두고 본다면 같은 사람이니까 우리 입맛도 특별나지 않기 때문에 그 사람들도 맛있으면 나도 맛있다. 누가 먹어도 맛있는 음식이 그 지역에서 유명한 음식이다. 대만의 썩은 두부처럼 우리나라의 청국장처럼 정말 몇몇 좋아하는 사람 이외에는 그 지역에서 사는 사람조차도 싫어하는 음식을 제외하고는 그 지역에서 유명한 음식은 어느 나라 사람이 먹어도 맛있다. 그러니 여행을 가게 되면 그 지역에서 유명한 음식이 뭔가를 확인하고 꼭 먹어보는 기회를 가져야 한다.

자유여행에서 주의할 사항은 하루에 몇 시간을 현지 음식점 찾는 데 허비하지 말기 바란다. 마치 여행이 현지 음식만 먹으러 온 것처럼 하루 대부분을 먹는 데 치중하는 팀들이 간혹 있다. 이런 부류들은 먹는 것이 중요해서 그런 것이 아니라 계획이 없어서 그런 경우가 많다. 미리 알아보고 점찍어 둔 식당으로 가든가 아니면 주위에서 가까운 식당을 바로 이용해야 한다. 특식을 위한 식사가 아닌 이상 이동시간을 포함해 한 끼 식사시간을 1시간 30분을 넘기지 않는 것이 좋다. 그래야 그날 결심한 다른 여행지를 가볼 수 있기 때문이다.

16. 여행 향기

여행은 인간을 겸손하게 만든다.
세상에서 인간이 차지하는 영역이 얼마나 작은 것인가를 깨닫게
해준다.

- 프리벨 -

　재수 시절 홀로 떠났던 여행에서 만난 여학생이 있었다. 논산행 시외버스에서 우연히 함께 앉았던 여학생이 헤어질 때 선물이라며 준 나무 부채가 있었다. 그녀가 주었던 나무 부채에는 향기가 났다. 그 부채를 여름 내내 가지고 다니면서 향기를 맡았던 기억이 난다. 그리고 세월이 한참 지나 우연히 그 향기가 나는 부채를 접할 때가 있었다. 물론 그녀가 준 것은 아니었지만 까맣게 잊고 있었던 그녀의 기억이 그 부채의 향기로 되살아났다. 그냥 헤어지는 것이 못내 아쉬워 그 자리를 뜨지 못하고 있을 때 나에게 부채를 내밀며 이별을 말했던 그녀의 동그란 눈망울이 다시금 생생하게 떠올랐다. 지금은 중년이 되었고 누구의 아내로 살고 있을 그녀가 그 향기로 인해 다시 20살의 젊은 아가씨로 내 머릿속으로 돌아왔다. 이처럼 옛 향수를 불러일으킬 수 있는 여행에 특유의 냄새가 있다. 냄새가 있다는 것을 인식하지 못하고 그냥 흘려버려서 알지 못할 뿐이다.

한번은 코가 예민한 한 어머니가 미얀마 공항에 도착하자마자 코를 막고 다녔다. 냄새가 심해서 코를 막고 다닐 수밖에 없다 했다. 일행 중 다른 누구도 어떤 냄새도 맡지 못했다. 그런데 유달리 그 어머니만 냄새가 난다고 했다. 이 어머니는 여행 내내 호텔, 식당 등에서 냄새로 고생을 했다. 그 어머님을 1년 후에 다른 여행에서 또 만나게 되었는데 1년 전 여행 냄새 이야기로 한참을 재미있게 이야기했다. 그때는 불편했을 냄새가 나중에는 재미있는 이야깃거리가 되었다. 아마 그 어머니는 다른 곳에 가서도 미얀마에서 접한 냄새를 맡으면 그때가 생각날 것이다.

냄새를 못 맡으면 입맛을 느낄 수 없듯이 여행에서 냄새는 맛과 기억을 더듬는 데 많은 역할을 한다. 그 어머니처럼 당시에는 불쾌감을 주었지만 나중엔 좋은 기억이 될 수도 있다. 여학생이 준 부채의 향기처럼 여행에서 접한 좋은 향기가 분명 더 많을 것이다. 기억은 사라지지만 냄새의 경험은 잊을 수가 없기 때문에 그것이 나쁘든 좋든 여행에서 접하는 냄새들은 나중에 기억을 되살리기에 좋은 수단임은 틀림없다. 집 잃은 강아지가 수십 리 떨어진 집을 냄새로 찾아오듯 여행에서 냄새는 그 시절의 그곳으로 우리를 안내한다. 여행에서 냄새를 기억해보라. 눈을 감고 숨을 코로 크게 들이쉬며 여행 냄새 아니 여행의 향기를 맡아보라. 눈으로 기억하려 하지 말고 냄새로 기억하려 해보라. 그러면 나중에 그 기억이 생생하게 더 잘 떠오를 것이다.

우리는 오감을 가지고 있다. 그런데 유달리 여행에서는 사람들이 이 오감을 사용하지 않고 오직 눈으로 보는 시각에만 집중을 하려 한다. 냄새가 훌륭하다, 소리가 대단하다는 표현을 하지 않는다. 냄새와 소리가 여행에서 빠진다는 것은 물에 물고기가 없는 것과도 같다. 늘 옆에 있어 고마워할 줄 모르는 배우자처럼 냄새와 소리에는 신경을 쓰지 않는다. 경상도의 어느 장애인 단체에서 시각장애인과 그 보호자가 함께 하는 라오스 여행이 있었다. 처음에 시각장애인이 여행을 간다고 해서 의아해했고 공항에 그들이 목에 카메라를 메고 나온 것을 보고 사뭇 낯설었다. 그들 표정은 매우 밝았다. 보호자들도 그들이 장애인이라서 잘 보살펴줘야 돼 하는 나의 편견을 깨버렸다. 그냥 일반인처럼 그들을 상대했다. 여행 내내 웃고 즐기고 사진 찍고 현지 음식을 먹고 노래도 부르고 환호성도 지르고 하면서 다른 어떤 팀보다 즐겁고 유쾌하게 보냈다. 시각장애인이라고 말하지 않으면 모를 정도로 너무 자연스럽게 여행을 했다. 내 생각에 그들의 여행 만족도는 몇 년간 함께 했던 다른 어떤 팀들보다 높았다. 그때 나는 비로소 느꼈다. 여행은 눈으로만 하는 것이 아니구나. 어쩌면 눈이 여행을 방해하고 있을지도 모르겠구나 생각했다. 풍경사진을 여러 장 찍으며 "사진이 잘 나온 것 같아요." 웃으며 말하는 그 시각장애인 손님의 얼굴에서 가식이 없는 기쁨을 볼 수 있었다. 시간과 돈이 아까운 여행이라 생각했던 나의 생각을 180도 돌려놓았던 그 시각장애인 여행에서 여행은 오감을 사용하는 것이라는 것을 절실히 느꼈다. 나도 그 여행을 함께 하기 전까지만 해도 여행은 눈으로 보는 것으로 착각했다. 그들은 눈으로 보는 대신 코로 현지의 향기를 느꼈을 것이다. 그리고 살며시 불어오는 열대의 훈훈한 바람의 기운을 피부로 느끼고, 거세게 떨어지는 계곡의 물줄기 소리에 환희를 느꼈을 것이다. 오직 눈의 잣대로 여행을 평가하는 여타의 관광객보다 재미가 훨씬 더 했을 것이다.

냄새와 소리를 만끽하려면 눈만 감으면 된다. 눈으로만 보기 아까운 정말 좋은 장소가 있다면 5분만 눈을 감고 냄새와 소리도 가져가라. 그리고 그 여행의 향기와 소리를 마음에 담아라. 눈은 머리로 기억하지만 냄새와 소리는 마음으로 기억하기 때문에 사람에게 감동을 더해줄 수 있다. 잊고 싶지 않은 한순간이 있다면 반드시 눈을 감고 그 향기를 마음에 담기 바란다. 아무 냄새도 안 나는 것이 아니라 아무 냄새도 맡기 싫어서 안 맡는 것이다.

Part 3

여행 시
유의사항

1. 여행 중 조심해야 할 3가지

바보는 방황을 하고 현명한 사람은 여행을 한다.
- 토마스 폴러 -

여행에서 가장 중요한 것은 즐거움과 재미라고 했다. 그러면 여행에서 조심해야 될 것은 무엇일까?

첫째, 건강이다.
다쳐서 상해를 입지 않는 것도 중요하지만 무엇보다 먹는 것에 대한 건강이 중요하다. 다치는 경우는 극히 드물다. 팔, 다리가 부러진다거나 어딘가 터져서 피가 난다거나 하는 경우는 거의 없다. 가장 많이 다치는 것은 걷다가 뼈가 삐는 경우다. 기껏해야 파스 바르면 낫는 정도다. 건강상 문제는 뭔가를 잘못 먹어서 탈이 나는 경우가 가장 많다. 통계상 한 팀 15명이 여행한다면 그중 1명 이상은 꼭 탈이 난다. 같은 음식을 모든 사람이 먹었는데 탈이 나는 사람은 꼭 있다. 음식이 상해서 그런 것이 아니라 그 음식이 그 사람에게 안 맞아서 그런 경우가 있다. 나는 지금도 손님을 모시고 해외로 인솔 나갔을 때 첫날 음식에 대한 얘기를 꼭 한다. 음식이 본인에게 맞는지 안 맞는지는 본인이 잘 안다. 이걸 먹으면 체할 것 같다 하면 먹어서는 안 된다. 그럼에도 불구하고 여행 중 기력이 없으면 안 되니 속이 안 좋아도 꾸역꾸역 먹는 사람이 있다. 꼭 그런 사람들이 탈이 난다. 속이 안 좋거나 탈이 났을 경우 한 끼 또는 두 끼 정도는 과감하게 굶는 것도 좋은 방법이다. 여행 중에 탈이 나면 그 뛰어난 경치도 안 보인다. 아무리 재미있는 것도 해보고 싶지 않다. 세계에서 제일 맛있다는 것도 먹고 싶지 않다. 갑작스러운 날씨, 음식 변화에 항상 내 몸 관리를 해줘야 한다.

둘째, 내 물건 관리이다.

여행자 보험은 잃어버리는 것에 대해서는 거의 보상을 받지 못한다. 물건이 나도 모르는 사이에 내 몸과 떨어졌다 생각되는 순간 잃어버린 것이다. 여행 중에 잃어버리는 건 순간이다. 공중화장실에서 잠깐 손을 씻다가 두고 온 스마트폰이 없어지는 건 예삿일이다. 식당 의자에 잠깐 걸어두고 나온 가방, 호텔 로비에 놓고 나온 모자, 체크아웃하고 호텔방 옷장에 걸어두고 나온 50만 원짜리 점퍼 주인은 단 몇 분 사이에 바뀐다. 주위 사람들에게 물어봐도 그 행방을 아는 사람은 한 사람도 없다. 여행 가면 가이드가 가장 잃어버리지 말라고 당부하는 것이 여권이다. 여권을 잃어버리는 순간부터 문제가 복잡해진다. 그런데 아이러니하게 나는 이제껏 20년 넘게 여행업에 종사하고 있지만 한 번도 내 손님 또는 내가 아는 주위 사람이 해외에서 여권을 잃어버린 경우가 없었다. 한 번 정도는 잃어버릴 법도 한데 이상하다. 가방을 잃어버렸을 때 그 가방 속에 여권이 들어 있어 여권도 같이 잃어버릴 법도 한데 여권은 허리에 찬 작은 가방 속에 꼭 들어 있다. 기내에 여권을 두고 나와서 다시 가봤더니 여권이 그대로 있다. 급하게 길을 가다가 손님이 여권을 떨어트렸다고 해서 주위를 찾아봤더니 땅에 떨어져 있다. 여권을 잃어버렸어도 다 찾았다. 여권은 여행객이면 누구나 다 중요한지 알고 있다. 그래서 항상 본인이 챙기고 주위 사람들도 챙겨준다. 그래서 잃어버릴 확률도 적고 잃어버렸어도 거의 찾는다. 그런데 다른 물건들은 그 물건 주인마저도 신경을 별로 쓰지 않는다. 어떤 어머니는 일정 마치고 밤에 호텔 들어와서 어깨에 메는 가방이 없다고 말한 적도 있다. 그때까지 가방의 존재 감이 없었던 것이다. 등짝에 잘 붙어 다니겠지라고 생각했 나 보다. 물건 분실은 찰나이다. 귀중품이 든 작은 가방은 항상 몸에 간직하고 다녀야 한다. 몸과 떨어져 놓으면 안 된다. 아침에 가방을 메면 저녁 호텔방에 들어와서 풀어야 한다. 등에 메는 가방도 잠시 내려놓을 때면 다리에 닿게 내려놓든 무릎에 놓아야한다. 낯선 환경과 사람들로 하여 금 가방에서 떨어져 잠시 딴 것을 생각하고 행동하다 보면 짐은 없어진다.

셋째, 시간을 항상 체크해야 한다.

여행지를 방문하다 보면 입장시간, 퇴장시간, 쉬는 날 등 시간과 관련이 깊다. 또한 유명한 여행지는 개미 떼처럼 많은 관광객으로 발 디딜 틈이 없다. 그러면 자연스레 기 다리는 시간이 많아진다. 보는 시간 30분, 기다리는 시간 2 시간이 걸릴 수도 있다. 파리 에펠탑은 기다리는 시간이 최소 2시간 이상 걸려 이제는 많은 여행사들이 탑 올라가 는 것을 포기했다. 그냥 겉에만 보고 다음 장소로 이동한 다. 패키지여행이라면 가이드와 약속 시간을 잘 지켜야 한 다. 단체로 움직이기 때문에 한 사람만 늦어도 단체는 스 톱이다. 가이드들은 관광지가 어느 시간에 제일 붐비고 어느 시간에 한가한지 잘 알고 있다. 그래서 되도록 그 시간을 피해서 일정을 만든다. 저가 상품일수록 일정이 많다. 그래서 도장 찍듯이 관광지를 다닌다. 마치 피 흐름처럼 온몸 구석구석 관광지를 찍고 다니다가 어느 한군데서 기다림의 동맥경화가 발생하면 일정에 문제가 생긴다. 나도 가이드 하면서 시간 계산을 1분 단위로 했다. 그 버릇이 지금도 이어진다. 아침 기상 7시, 화장실에서 세면 7분, 밥 먹는 데 15분, 옷 갈아입는 데 5분, 버스정류소까지 걸어가는 데 8분, 버스 기다리는 시간 5분, 버스 이동 1시간 5분, 버스 내려서 회사까지 5분 걸어가면 회사 도착 시간은 8시 50분이다. 이런 식으로 가이드들도 하루 일정을 분 단위로 끊어서 계산한다. 그런데 손님이 늦어 일정에 차질이 생기면 스케줄이 꼬이게 된다. 그럼 입장하는 데 5분 기다릴 것이 50분 기다리는 상황이 발생할 수 있다. 여행에서 시간은 금이라 표현해도 과언이 아니다. 100만 원을 들여 3박5일 동안 해외여행을 한다고 가정해보자. 항공 이동 시간, 잠자는 시간을 빼면 시간당 3만 원씩 소비되고 있다. 4명의 가족이 함께 한다면 시간당 12만 원씩 소비되고 있는 것이다. 20명 단체가 한 장소를 보기 위해 2시간을 이동하고 기다렸다면 그 장소를 보는 1시간의 값어치는 180만 원이다. 정말 값어치 있는 시간이다.

여행 중에 조심하라고 너무 강조하면 여행 자체가 위축된다. 무서워서 어딜 한 발자국도 개인적으로 움직이지 못한다. 자유시간을 줘도 손님들이 가이드만 따라다니거나 뭉쳐 다닌다. 자유롭게 커피도 마시고 좌판에서 물건도 사고 군것질도 해봐야 하는데 가이드가 얘기한 섬뜩한 주의 사항이 어디도 못 가게 만든다. 그저 모이는 장소 주위만 서성일 뿐이다. 뭐든 적당한 것이 좋다. 하지만 여행지에서 발생할 수 있는 주의 사항은 숙지해야 한다. 그 일이 내가 당사자가 될 수 있기 때문이다. 잘못하면 소 잃고 외양간 고치는 격이 될 수 있다.

2. 여행지에서 꼭 해봐야 하는 3가지

익숙한 삶에서 벗어나 현지인들과 만나는 여행은 생각의 근육
을 단련하는 비법이다.
- 이노우에 히로유키 -

우리나라 패키지여행은 수동적이다. 여행을 한다기보다
는 여행을 당한다는 말을 써야 맞다. 반면에 자유여행은
능동적이다. 여행 스케줄을 내가 직접 만들어 하고 싶은
것만 할 수 있다. 패키지여행이든 자유여행이든 목적은 즐
거움을 얻기 위해서다. 아무 신경 안 쓰고 보는 것을 좋아
하면 패키지여행이 좋다. 지갑에 돈이 3만 원밖에 없는데
남은 여행 일정이 5일 더 남아 있다면 패키지여행이 좋다.
반면에 목적지로 이동하다가 차창 경치가 아름다워 차에서
내려 그 경치를 한참 감상하다가 갈 수도 있는 여행을 원
하면 자유여행이 좋다. 낯선 카페에 한 시간만 있다가 가
려고 했는데 건너편 잘생긴 남자가 나를 보고 있어 그 남
자가 말을 걸어올 때까지 두 시간이고 세 시간이고 눌러앉
을 수 있는 걸 원하면 자유여행이 좋다.
　패키지여행이든, 자유여행이든 여행 스케줄은 뼈다. 살
은 여행 중에 붙이는 것이다. 그런데 살을 붙일 곳에 붙여
야 한다. 곡선이 있어야 하는 허리에 살을 붙인다면 뚱뚱

보가 될 것이고, 토실토실한 엉덩이에 살을 붙이지 않는다면 볼품없는 뒤태가 될 것이다. 이처럼 여행 중 어디에 살을 붙여야 더 재미있고, 즐거울 수 있는지 3가지를 염두하기 바란다.

첫째, 가장 잊지 못할 순간을 만들어 기억하고 느껴야 한다.
아무 생각 없이 여행해서는 안 된다. 아무 생각 없이 여행을 하면 끝나서도 아무 느낌이 없다. 8천 미터가 넘는 히말라야 최고봉인 에베레스트산에 오르기 위해서 전문 등반가들은 몇 달 전부터 준비한다. 음식관리를 하고, 매일 산을 오르며 건강관리를 한다. 그리고 네팔에 건너가 에베레스트산 8,848m 정상에 오른다. 아무 사고가 없다면 등반 여정이 평균 20여 일 정도 걸린다. 비용도 수천만 원이 들어간다. 등반가들이 그토록 오래 계획하고 훈련하고 오른 에베레스트산 정상에 올랐을 때 기분이 어떨까? 말로 표현 못 할 것이다. 그런데 중요한 것은 그 말로 표현 못 할 희열이 정상에서 채 5분도 안 간다 한다. 가장 희열을 느끼는 순간은 몇 초라 한다. 사람의 감정이 그렇다. 여행에서도 이런 희열은 아니더라도 분명 무언가 잊지 못할 순간이 있을 것이다. 그런 순간의 희열은 평생 기억에 남는다. 여행을 다 마치고 돌아오는 비행기에서 그런 순간이 있었는지 반드시 기억을 되새겨라. 떨어지는 폭포 사이로 비치는 무지갯빛, 숨소리까지 감동이었던 플라멩코 춤을 추던 여인의 모습, 이른 새벽 탁발 공양을 하는 스님들의 행렬 모습, 발이 닿지 않는 곳에서 스노클링 할 때 무섭다며 벌벌 떨던 동료가 나중에는 가기 싫다고 물에서 안 나오던 모습, 기억을 되새기지 않으면 잊힌다. 나중에는 고생한 생각만 난다. 부디 평생 잊지 못할 순간을 단 몇 초라도 그 여행에서 찾길 바란다. 그런 순간들은 찾아오는 것이 아니라 내가 만들고 그 기억을 가슴속에 간직해야 나중에 추억이 된다.

둘째, 해보고 싶은 것을 해봐라.

평소 창피해서 못 해봤던 것들을 해봐라. 문신을 평소에 해보고 싶었다면 붙이는 문신을 여행 중에 해봐라. 이상야릇한 옷을 입고 싶었다면 여행 중에 입어봐라. 하루 종일 자고 싶었다면 여행 중에 자봐라. 이처럼 여행은 법에 저촉이 되지 않는 한 모든 것이 용서가 된다. 여행이니까. 평범한 일상이 아니기 때문에 며칠만 허락된 특권인 것이다. 이때를 이용해 평소 해보고 싶은 것들을 해보면 좋다. 우리나라 사람들은 항상 남을 의식하는 여행을 많이 한다. 그래서 여행 중 좋아도 감탄의 소리도 못 지르고 싫어도 불평을 잘 안 한다. 감정이 없는 사람 같기도 하다. 무엇을 하고 싶어 하는지, 무엇을 싫어하는지 잘 모를 때가 많다. 해보고 싶은 것이 있다면 표현하고 말하라. 그리고 당당하게 실행하라. 처음이라 어려운 것이다. 한두 번 하다 보면 이미 내가 그것을 하고 있을 것이다. 그리고 나도 모르는 내 자신의 끼를 발견할 수 있을 것이다.

셋째, 고백하라.

고백이라는 말은 전에 하지 못했던 말을 기어코 한다는 것이다. 그리고 받아들이는 사람도 그 말을 듣고 놀라는 것을 고백이라 표현한다. 이런 고백이 여행에서 특히 효과적이다. 지금 여행을 함께 하고 있든 떨어져 있든 상관없다. 평소에 하지 못했던 말들을 그 사람에게 하라. 같이 있을 때 또는 한국에 있을 때 그런 말들을 하면 좀 엉뚱하고 이상한 사람이 될 말들이 있다. 그런 말 또는 글들을 여행을 빌려 하면 좋다. 같이 여행을 하고 있다면 평소 마음에 있었던 동료에게 사랑 고백을 해라. 곧 결혼이다. 평소 부모님에게 사랑한다는 말을 한 번도 안 해봤다면 사랑한다고 국제전화 한번 해봐라. 부모님 운다. 자식들이 효도 관광을 보내줬다면 자식에게 전화 걸어 고맙다고 해봐라. 매년 여행 보내준다. 여행은 평범함을 거부하는 행위이다. 환경이 평범하지 않기 때문에 마음도 평범하지 않다. 그 평

"20년 경력 현직 여행사 사장이 알려주는 여행 꿀팁"

범하지 않은 마음이 여행으로 하여금 마음을 감동 짓게 하고 극적이게 한다. 안 좋은 소식도 여행 중에 하면 그 슬픔이 덜하다. 10년 동안 뒷바라지하면서 기다려준 여자 친구에게 시험에 떨어진 걸 여행 중에 얘기해라. 1년 더 뒷바라지 해준다. 원래부터 이런 얼굴이 아니라 10년 전에 대대적인 성형수술로 다시 태어난 얼굴이라고 남편에게 이야기해보라. 이미 알고 있다고 얘기할 것이다.

일상이 평범하지 않은 며칠의 여행이 나머지 평범한 일상에 에너지원이 된다면 그 여행 값어치는 충분히 있다. 여행에서 무엇을 할까 계획을 세우는 일도 즐거운 일이다. 지금 당장 여행 중에 하고 싶은 버킷 리스트를 작성해보라. 여행은 내가 모르는 세계의 장소를 가서 새로운 것들을 보고, 먹고, 체험하면서 즐거움을 얻는 것이다. 많은 여행자들이 이런 사실을 잊고 여행하는 것 같아 안타깝다.

3. 내게 맞는 숙소(호텔) 고르기

작은 변화가 일어날 때 진정한 삶을 살게 된다.
- 톨스토이 -

여행 중 하루의 반 이상을 보내야 하는 숙소만큼 중요한 곳은 없다. 숙소는 그날의 피로를 풀고 다음 날의 건강한 컨디션을 유지하기 위한 나무의 물 같은 존재이다.

무엇을 보고, 무엇을 먹고, 무엇을 하는 것은 여행에서 단지 몇 분 또는 몇 시간에 불과하다. 하지만 자는 곳은 하루 24시간 중 12시간 이상 보내야 하는 중요한 곳이다. 몇몇 사람들은 '숙소는 잠만 자는 곳이니 그리 중요하지 않다'라고 말한다. 그렇게 말하는 사람들은 대부분 저렴한 숙소를 원하는 사람들이다. 여행비용은 이 숙소 등급에 따라 가격차이가 나기 때문이다. 좋은 5성급 호텔과 허름한 게스트하우스의 가격차이가 1박에 100배 이상 나는 도시도 많다. 그러면 이런 숙소를 무조건 비싼 곳으로 골라 가야 할까? 그렇지 않다. 여행자의 취향과 성격을 일단 고려해야 한다.

첫째, 여행자의 연령과 성별이다.
나이 먹을수록 잠자리가 중요하다. 잠자리가 바뀌면 잠을 통 이루지 못하는 노인분들에게는 무엇보다 중요하다. 그렇다고 그 노인분들에게 무조건 비싸고 좋은 호텔을 추천해주는 것보다는 그분들의 잠자리 스타일을 알면 도움이 된다. 예를 들어 소음에 민감한 분들에게는 시내 쪽 숙소보다는 조용한 외곽에 있는 숙소가 싸고 좋다. 또한 뜨거운 욕조에 몸을 담그는 것으로 하루의 피로를 풀기를 원하는 분들에게는 욕조가 있고 목욕탕이 넓은 숙소 또는 온천이 함께 있는 숙소면 더더욱 좋을 것이다. 반면에 소위 머리만 바닥에 닿으면 잘 자는 젊은 층 특히 남자 같은 경우에는 숙소가 허름해도 문제없다. 또한 그들은 활동성도 많아 숙소에서 그렇게 많은 시간을 보내지 않는다. 그런 젊은 층에게는 뜨거운 물만 잘 나오는 저렴한 숙소가 좋다. 숙소 비용을 아껴 다른 곳에 쓰면 되기 때문이다. 또한 그 여행의 주인공이 남자인지 여자인지도 잘 판단해야 한다. 여자 같은 경우에는 특히 모기, 나방, 개미 같은 곤충을 싫어하기 때문에 자연을 그대로 살린 리조트보다는 주변이 깨끗하고 수영장을 인위적으로 잘 꾸며놓은 새 호텔을 더 선호한다.

둘째, 밤 문화를 좋아하느냐이다.

저녁을 먹고 숙소에 들어가면 샤워도 해야 하고, 일행과 하지 못한 이야기도 해야 하고, 밀린 SNS도 해야 해서 잘 때까지 바쁜 사람이 있는 반면에 도무지 심심해하는 사람들이 있다. 그래서 호텔 로비를 기웃거리며 무언가 사고 거리를 찾아 헤매는 하이에나형 사람들이 있다. 이들에게는 숙소 바로 앞에 뭔가 볼거리, 먹을거리가 있는 도심 한가운데 숙소가 좋다. 보통 저녁을 먹고 숙소에 들어가면 공식 일정이 끝난다. 그런데 이런 밤 문화를 즐길 수 있는 숙소 주변은 바로 2부가 시작된다. 어떤 사람들은 공식 일정보다 밤에 개인적으로 펼쳐지는 2부 쇼를 더 좋아하고 더 기억에 남았다는 사람들도 많다. 여기서 주의할 것은 안전사고이다. 안전사고에 대한 책임자가 없다면 특히 밤에 움직일 때는 무엇보다 안전에 유념해야 한다. 되도록 혼자 움직이지 않는 것이 좋다. 여기서 안전이란 접시닭이로 쓰려고 납치를 당한다든가, 간을 빼가는 생명에 관련된 사고가 아니라 물건을 분실한다든가 무언가를 잘못 먹고 속이 탈이 나는 것을 말한다. 정말 위험한 몇몇 나라를 제외하고는 밤에 나가서 생명의 위협을 느낄 정도로 위험과 맞닥뜨리는 영화 같은 행운은 오지 않는다. 그런 곳들은 본인들이 나가서는 안 된다는 것을 더 잘 알고 있다. 전날 밤에 벌어진 일들로 다음 날 여행에 지장을 초래하면 나쁜만 아니라 일행에게도 불행한 일이다.

"20년 경력 현직 여행사 사장이 알려주는 여행 꿀팁"

셋째, 여행비용이다.

여행비용을 고려해서 숙소를 선택하는 것이 어쩌면 가장 중요할 수 있다. 아무리 좋은 숙소도 비용이 과다로 지출되었다고 생각되면 그다지 만족감을 못 느끼기 때문이다. 생각보다 비싼 숙소를 쓰게 되면 다음 여행에서도 과다의 숙소비로 돈이 나가게 된다. 그것은 맛있는 음식과도 같아서 한번 그 맛을 들여놓으면 다른 음식은 눈에 들어오지 않는다. 그러다 보면 정작 한정된 여행비용 안에서 과다하게 지출된 좋은 숙소 때문에 맛있는 현지 랍스터를 못 먹을 수도 있고, 누구나 다 타보는 터키 카파도키아의 기구를 우리만 못 탈 수 있다. 그렇다고 가지고 온 신용카드를 한도가 끝날 때까지 계속 쓰자는 분위기로 여행한다면 돌아와서 라면만 먹는 후유증을 몇 달 겪을 수도 있다.

내게 맞는 숙소는 이 모든 사항들을 잘 고려하여 선택하여야 한다. 여행에서의 숙소는 어떤 사람에게는 사랑하는 사람과의 첫날밤이 되는 곳일 수도 있고, 또 어떤 사람들에게는 이제껏 경험하지 못한 편안한 잠자리가 되는 곳일 수 있다. 여러 나라를 여행하다 보면 각기 다른 기후에 호텔방 안 기온도 장소마다 다르다. 특히 우리나라가 겨울일 때 더운 나라로 여행 가면 상대적으로 더 더위를 느낀다. 우리 몸이 겨울에 적응되어 맞춰져 있기 때문에 여름 날씨가 상대적으로 더 덥다. 에어컨은 온도를 내리기도 하지만 공기를 건조하게 만든다. 감기 들기 최상의 조건이다. 방 짝꿍과 서로 체질이 달라 내가 에어컨을 끄면 짝꿍이 바로 켠다. 둘 중의 하나는 더위를 먹거나 감기에 걸린다. 여기서 한 가지 에어컨 사용법이 있다. 일단 방에 들어가면 에어컨을 가장 세게 켠다. 그리고 침대에 덮고 자는 이불을 제친다. 그럼 매트리스 시트가 나온다. 에어컨의 시원하고 건조한 바람이 눅눅해 있는 매트리트 시트를 말린다. 그럼 잠잘 때 뽀송뽀송한 기분으로 잘 수 있다. 또한 호텔방에 이상한 냄새도 에어컨 바람에 날아간다. 그리고 잠자기 바로 직전에 에어컨을 끄면 된다. 이제껏 나는 아무리 더운 나라에 여행 가도 에어컨을 끄고 잤을 경우 더워서 잠을 설친 적은 없었다. 혹 열대 지방에 가서 에어컨을 계속 켜놓고 잤다면 이번에 가서는 끄고 자보라. 안 덥다.

숙소의 방을 혼자 쓰는 경우는 많지 않다. 대부분 방 짝꿍이 있다. 가족이면 좋겠지만 생판 모르는 남과 몇 날 며칠을 같이 보낼 수도 있다. 심지어는 나와 맞지 않는 성격과 24시간을 10일간 함께 보내야 하는 고통도 만날 수 있다. 이런 경우 내가 여행을 포기하지 않는 한 대안이 없다면 그 인연과 함께 가장 좋은 기억이 될 만한 아니면 가장 악몽이 될 수도 있는 여행을 함께 해야 한다. 나와 잘 맞는

"20년 경력 현직 여행사 사장이 알려주는 여행 꿀팁"

방 짝꿍이면 좋을 텐데 가장 안 맞는 원수 같은 짝이 내 여행 동반자라고 했을 때 어찌할 것인가? 답은 원수를 사랑하라이다. 내가 그에게 맞추지 않는 이상 가장 편안해야 할 잠자리가 가장 불편할 수 있다. 충분한 대화로 서로 방 안에서의 싫어하는 것과 좋아하는 것을 터놓고 첫날에 이야기해야 한다. 코를 골고, 이를 갈고, 뒤척이는 행위는 무의식이기 때문에 이런 점들은 마음으로 받아들이면 된다. 그리고 그보다 내가 먼저 피곤한 상태로 잠들어라. 그러면 화가 덜 난다.

4. 여행 취소 시 수수료

인생은 짧고 세상은 넓다.
그러므로 세상 탐험은 빨리 시작하는 것이 좋다.
- 사이언 데이브 -

예전에는 많은 여행사에서 여행 취소 시 받는 취소 수수료를 제각각 받았다. 여행비를 어떤 여행사는 다 돌려주고 어떤 여행사는 반을 떼고 돌려주고 하다 보니 손님들이 갈팡질팡 피해 보는 사례가 많았다. 그러다 보니 불만이 쏟아져 나와 공정거래위원회에서 취소 수수료 국외여행 표준약관을 규정해놓았다.

- 여행개시 30일 전까지 취소 요청 시 → 계약금 환불
- 여행출발일 20일 전까지 취소 요청 시 → 여행요금의 10% 배상
- 여행출발일 19~10일 전까지 취소 요청 시 → 여행요금의 15% 배상
- 여행출발일 9~8일 전까지 취소 요청 시 → 여행요금의 20% 배상
- 여행출발일 7~1일 전까지 취소 요청 시 → 여행요금의 30% 배상
- 여행출발 당일 취소 요청 시 → 여행요금의 50% 배상

위 기준으로 여행사들이 많은 여행 상품에 적용시킨다. 하지만 여행 지역과 상품에 따라서 위 규정을 달리 적용하기도 한다. 그래서 반드시 예약할 때 취소 수수료 규정을 체크해야 한다. 위 취소 약관은 법으로 정해지지 않은 권

고 사항일 뿐이다.

보통 패키지여행은 최소 출발 인원을 공시해놓는다. 그래서 출발 인원이 부족하면 미리 예약한 손님에게 보통 출발 2주 전에 다른 유사 상품을 소개해주거나 환불을 해준다. 이렇게 하면 문제는 없다. 그리고 그것을 여행 약관에 명시해둠으로써 분쟁을 미연에 방지하고 있다.

여행 취소는 되도록 하지 않는 것이 좋다. 여행 취소 사유로 가장 많은 것은 아픈 것이다. 여행 당사자가 아픈 것도 아픈 것이지만 주위의 사람이 아파서 못 간다는 사유도 많다. 여행 취소는 약관상 출발 당일 여행 당사자가 입원을 하거나 객관적으로 여행할 수 없는 상황에 있을 때 여행비 전액을 돌려준다. 여기서 중요한 것은 본인이 판단하는 것이 아니고 객관적으로 누구나 볼 때 여행할 수 없는 조건이 되어야 한다. 그렇게 되면 여행 출발일에 상관없이 전액을 돌려주도록 되어 있다. 그런데 이 기준 때문에 손님과 마찰이 종종 있다. 배우자가 암 판정을 받았는데 어떻게 내가 한가롭게 여행을 가느냐, 전액을 돌려줘라! 며칠 전부터 배가 아파서 도저히 여행할 수 없으니 전액을 돌려줘라! 의사가 비행기 타면 안 된다 했다, 전액을 돌려줘라! 허리가 아파서 도저히 못 걷는다, 전액을 돌려줘라! 눈이 안 보인다, 전액을 돌려줘라! 엄마가 입원해서 병간호를 해야 하니 전액을 돌려줘라. 내가 암에 걸렸으니 여행을 못 간다, 전액을 돌려줘라. 여행 지역에 태풍이 와서 갈 수 없으니 전액을 돌려줘라 등 많은 사유들이 있다. 위 모든 사례들은 전액을 돌려줄 수 없는 사유이다. 정확히 얘기하면 여행 당사자가 여행을 할 수 없어야 한다. 여행 전에 입원은 안 된다. 여행 출발일에 사고 또는 병으로 입원하고 있어야 한다. 아니면 직계존속, 비속이 죽거나, 의사 진단서상에 본인이 걸을 수 없는 사유가 있어야 한다. 여행사에서 이렇게 규정을 만들어놓은 것은 손님의 악용 때문이다. 예를 들어 내일 출발인데 오늘밤에 부부싸움을 해서 기분 나빠 가기 싫어졌다. 그런데 취소 수수료가 만만치 않게 나온다. 그래서 이를 악용해서 갑자기 아파서 갑자기 주위 사람이 돌아가셔서 못 간다 하는 손님들이 있다. 이때 여행사는 여행 당사자 입원 확인증, 의사 진단서, 직계 존속·비속 사망 진단서를 요청한다. 이를 확인하지 않으면 취소 약관에 따른 수수료를 그대로 부과한다.

출발 당일 손님이 취소하게 되면 여행사는 타격이 크다. 여행 취소 약관상 50프로 수수료를 제외하고 돌려주도록 되어 있는데 이보다 더 많은 금액이 비용으로 들어가는 경우가 많다. 일단 대한항공, 아시아나항공은 취소 수수료를 제외하고 70프로 정도는 돌려받으나 전세기인 경우나 일부 외국 항공사, 일부 저가 항공 같은 경우는 탑승객이 타지 않으면 한 푼도 돌려받지 못한다. 또한 현지 비용도 예약해놓은 기차표, 호텔비, 입장료 등 많은 부분이 100프로까지 취소 수수료가 나온다. 심할 경우 한 사람당 여행사 수익이 몇만 원인데 수수료 50프로를 제하고 나머지를 돌려줘야 하니 여행사 손해가 막중하다. 게다가 여행 당사자가 입원해서 취소할 경우는 100프로를 그대로 돌려줘야 한다. 그러면 그 단체 팀에서 남긴 전체 수익 이상이 그 취소한 손님에게 고스란히 가게 되어 여행사는 마이너스 행사를 하게 된다. 그래서 취소 손님이 있으면 여행사는 민감하고 엄격하게 취소 규정을 적용한다.

가끔 취소하는 손님 중에 내가 못 가니 내가 아는 사람으로 대체하면 안 되냐고 문의가 온다. 이것은 시기에 따라 다르다. 예를 들어 항공사에 본인 이름이 들어가 이름을 못 바꾸는 경우에는 안 된다. 정확히 얘기하면 일정 부분 추가금액을 내고 가능은 하다. 단 남은 항공좌석이 있어야 하고 여행국가가 비자가 필요하다면 비자 받을 여유가 있어야 한다. 대체할 만한 여건이 된다면 여행사는 적극적으로 다른 손님이라도 채워서 가려고 한다. 그래야 현지 취소 수수료가 나오지 않고 수익도 늘어나기 때문이다. 대부분 여행자는 갑작스러운 사고가 아니면 적어도 한 달 전에는 여행을 못 갈 수도 있음을 본인이 가늠할 수 있다.

만약 이럴 경우 대체할 만한 다른 사람을 찾아보는 것이 좋다. 만약 내가 못 가면 그 사람이 대신하면 된다. 그리고 여행사에 사정 이야기를 하고 그 대체할 만한 사람 영문이름을 미리 알려주고 언제까지 최종 결정을 해주겠다고 얘기해놓으면 된다. 그러면 항공 발권 전까지 추가비용 없이 다른 사람으로 대체가 가능하다. 또한 여행사도 다른 사람으로 대체하는 데 혹 추가비용이 들더라도 손님 성의를 봐서라도 추가비용을 받지 않을 가망성이 크다.

여행 출발 전에 취소가 대부분이나 여행 중간에 취소하는 손님도 아주 드물게 있다. 내가 태국에서 가이드 할 때의 일이다. 신혼여행을 온 허니문들 중에 한 쌍이었다. 다음 날 섬에 들어가 수영하는 일정이니 최선을 다해 예쁜 해변 복장으로 아침에 나오라 했다. 그런데 신부가 어제 한국에서 입고 온 옷과 캐리어 가방을 들고 혼자 로비에 나와 있었다. 그러면서 대뜸 모든 일정을 취소하고 한국으로 돌아간다는 것이다. 신랑은 어디 갔는지 보이지도 않는다. 이상해서 호텔방으로 올라가 보니 가관이었다. 호텔 전면 유리창이 깨져 있고 신랑은 먼 바다만 보고 있었다. 밤새 싸웠다고 한다. 한국 가자마자 이혼한다며 신랑은 신부를 그날 포기한 상태였다. 참 어이없는 여행 취소였다. 신부의 항공편이 이미 여행 일정대로 정해져 있어서 항공편을 다시 알아봐야 했다. 내가 할 수 있는 건 최대한 빨리 신부를 한국으로 돌려보내는 거였지만 그럼 극적이지 않다. 서로 화해를 시도했다. 일단 호텔 측에 유리창이 깨진 방 청소를 지시하고 두 사람 방을 다른 방으로 바꾸어주었다. 신부한테는 항공을 알아보는 동안 로비에 앉아 조금만 기다려달라 했다. 그리고 신랑을 꼬드겨 투어에 혼자만 참석시켰다. 그러고 나서 신부에게 항공이 오늘 저녁때나 될 거 같다고 잠시 호텔방에 있기를 당부하고 신랑과 호텔을 나왔다. 그리고 점심때 예쁜 열대 과일바구니를 준비하여 신랑에게 주면서 신부가 있는 호텔방에 찾아가도록 했다. 그날 밤 언제 그랬냐는 듯이 서로가 환하게 웃으며 호텔에 다른 신혼부부들을 모시고 들어오는 나를 반겼다. 그때 나는 가이드가 아니라 두 사람의 인생을 바꾸어놓은 그 무엇이었다. 만약 그때 날름 공항에 신부를 모시고 가서 한국 가는 비행기를 태웠다면 상황이 어땠을까? 여행 중간에 여행 포기는 그 어떤 여행비도 돌려받을 수 없을뿐더러 한국으로 돌아가는 추가비용도 손님이 부담해야 한다. 음식점에서 식탁 위에 시켜놓은 음식을 안 먹고 다른 음식을 주문하는 것과 같다. 예정되어 있던 여행을 취소하는 것은 손님에게도 여행사에도 불행한 일이다. 혹 중간에 여행을 취소하고 싶다면 이렇게 한번 생각해보라. "일상을 살면서

내가 얼마나 이 여행을 꿈꿔왔던가! 이 불행한 순간도 여행
이고 이 불행이 나중에는 큰 추억이 될 게 분명해! 한국 간
다고 해결될 일이 아니야! 그냥 즐기자."

"20년 경력 현직 여행사 사장이 알려주는 여행 꿀팁"

5. 여행자 보험 들기

행복하게 여행하려면 가볍게 여행해야 한다.
- 생텍쥐페리 -

큰 여행사는 여행 중 사고 나면 충분한 보상을 받을 수 있고, 작은 여행사는 여행 중 사고 나면 보상도 제대로 못 받는다고 생각하는 사람들이 의외로 많다. 그런데 그건 잘못된 생각이다. 여행사는 1인 기업이라도 반드시 손님들이 해외여행 할 때 최대 보상금 1억 원 해외여행자 보험을 들게 되어 있다. 그래서 대형 여행사로 가든 1인 기업 여행사로 가든 현지에서 사고가 나게 되면 동일한 보상을 받는다. 오히려 여행사가 작을수록 여행자 보험을 잘 들어놓는다. 대형 여행사는 여행자 보험이 아니어도 보상을 잘 해줄 수 있는 능력이 될 수 있지만 작은 여행사는 그렇지 못하기 때문이다. 작은 여행사는 만일에 대비해야 한다. 작은 여행사에 해당되는 내가 운영하고 있는 여행사도 여행자 보험을 잘 들어놓았다. 어느 여행사나 최대 보상금은 1억 원이다. 하지만 그 밑에 상해나 질병에 대해서는 보험사에 내는 보험료 납입 금액에 따라 조건이 조금씩 다르다. 나는 이 상해나 질병에 대해 보상금을 다른 대형 여행사보다 좋게 했다. 1인당 납입 보험료는 몇천 원 비싼 데 반하여 현지에서 상해나 질병 사고가 났을 때 손님이 받는 혜택은 대형 여행사보다 1.5~2배 정도 높게 책정해놓았다. 그리고 이런 점들을 홍보 마케팅 전략으로 손님들에게 어필한다. 그러면 손님들은 더 안심하고 우리 여행사를 이용할 수 있기 때문이다.

여행자 보험은 손님과 여행사 서로에게 든든한 버팀목이다. 하지만 여행자 보험이라고 해서 모든 것을 보상받을 수 없다. 가장 문제가 되는 것이 분실이다. 여행 중 가장 많이 일어나는 사고가 분실 사고이다. 그런데 이 분실 사고에 대해 여행자 보험 보상을 받으려면 절차가 까다롭고 입증하기가 어렵다. 만약 돈을 1,000달러 잃어버렸다고 가정해보자. 일단 여행지에서는 경찰서에 가서 분실확인증을 발급받아야 한다. 그러면 시간과 비용이 필요하다. 시간적으로는 일단 그날 일정을 빼야 한다. 말도 안 통하는 경찰서에 가려면 여행사 직원과 동행해야 한다. 자유여행이라면 더더욱 난감하다. 우리나라같이 원칙이 통하는 경찰서면 그래도 덜 힘들다. 경찰서에서 분실확인증을 받는 것도 어렵다. 나는 손님 분실확인증 하나 받는 데 5시간을 기다려본 적도 있다. 담당자가 없어 기다리란다. 분실확인증을 받았다고 가정해보자. 이것을 우리나라 보험사에 가져다주면 현금 잃어버린 사람이 1,000달러가 있었다는 객관적 증거 자료를 제출해야 한다. 여행 바로 직전에 1,000달러를 환전한 영수증, 여행 중 1,000달러를 가지고 있던 것을 본

"20년 경력 현직 여행사 사장이 알려주는 여행 꿀팁"

증인, 여행 중 사용한 현금 내역서 등 현실적으로 입증하기 힘든 것들을 제시해야 한다. 보험사가 원하는 모든 것을 제출했다 쳐도 전액 보상이 나오질 않는다. 잘해야 70프로 정도 나올까? 나는 이제껏 내가 모신 손님을 비롯하여 내가 아는 모든 사람들이 현금, 카메라 등 고가의 것을 잃어버리고 보험사에 보험 청구를 해서 보상을 받았거나 현지에서 현금, 고가의 것을 잃어버린 것을 다시 찾은 사례를 본 적이 없다. 오히려 옷, 핸드폰, 틀니, 가발 등 남들에게 그다지 중요하지 않은 것들은 많이 되찾았다.

분실물에 대한 보상이 어려운 이유는 악용이다. 예를 들어 보상이 수월하다면 현금을 잃어버리지 않았는데도 잃어버렸다고 하면 된다. 현지 여행지에서 돈 100달러 주면서 1,000달러 잃어버렸다고 분실물확인증을 발급해달라 하면 발급해주는 곳도 있다. 낡은 카메라를 새것으로 바꾸기 위해 고의로 잃어버리고 여행자 보험 보상금을 받을 수 있다면 정말 남는 장사다. 여행자 보험료 만 원내고 100만 원 받는다면 해볼 만한 것이다. 그러면 우리나라 모든 여행자 보험 회사들이 1년도 못 가서 망할 것이다. 하지만 상해는 다르다. 보상금이 나오는 것이 아니고 치료비가 나오기 때문이다. 치료비를 받기 위해 일부러 다치는 경우는 없기 때문이다. 여행자 보험을 드는 가장 큰 이유는 상해 때문이다. 여행 중 사고로 다치는 경우 때문에 여행자 보험을 든다고 생각해야 한다. 분실 우려 생각하고 여행자 보험은 들지 마라. 돈만 아깝고 여행만 망친다. 아쉽지만 현금, 보석, 고가의 분실물은 그냥 잃어버렸다 생각해야 마음이 편하다. 뭔가를 잃어버렸을 때 마음이 찢어지게 아픈 물건들은 절대 여행에 가지고 가서는 안 된다. 어떤 물건이든 잃어버렸을 경우 짐 하나 덜었구나 하는 마음이어야 한다. 아니면 그거 주운 사람이 나 대신 잘 쓰겠구나 하는 베푸는 마음이면 더 좋다.

여행자 보험은 최대 보상금이 1억부터 5억까지 다양하게 있다. 보통 여행사에서는 1억이다. 개인적으로 공항에서도 들 수 있는데 여행사에서 드는 것보다 비용이 좀 더 비싸다. 여행자 보험 비용은 나이에 따라 다르다. 나이가 많을수록 비용이 비싸다. 80세가 넘으면 보험료가 추가돼서 아예 여행자 보험을 안 들어주는 여행사도 있다. 여행자 보험 기간은 우리나라에서 비행기를 타는 시점부터 우리나라로 비행기를 타고 와서 도착하는 시점까지이다. 예외로 비행기가 연착해서 한국 출발을 늦게 했거나 한국에 늦게 도착했을 때 그 연착 시간이 길어 가외로 들어간 교통비, 식비, 숙박비 등을 보험금으로 받을 수도 있다.

여행자 보험은 가입하는 것이 좋다. 안 들면 꼭 다친다. 전에 100명 이상 되는 대형 팀에서 이름이 누락되어 여행자 보험 명단에서 빠진 손님 한 명이 있었다. 그런데 그 누락된 손님이 목욕탕에서 샤워를 하다가 미끄러져 팔이 부러졌다. 현지 여행지에서는 의료보험 적용도 안 돼서 병원비가 생각보다 많이 나왔다. 한국에 돌아와서도 의료보험이 되더라도 치료비 및 교통비가 적지 않게 나왔다. 이런 비용들은 여행자 보험 명단을 누락시킨 여행사에서 책임져야 한다. 만 원이면 될 비용을 백만 원 들었다. 그 이후로 여행자 보험 명단은 몇 번이고 직원에게 확인시키고 내가 또 확인한다. 암보험 들면 암에 안 걸린다는 말이 있듯 여행자 보험 들면 사고를 비켜갈 수 있다. 한 해 수천 명을 해외로 보내고 있는 우리 여행사도 해외에서 사고 나는 비율은 1프로도 안 된다. 그럼에도 불구하고 여행자 보험은 꼭 든다. 왜냐하면 안 들면 사고 나니까.

여행자 보험에 필요한 정보는 한글이름, 영문이름, 주민번호를 알아야 한다. 이 모든 정보가 여권에 다 있다. 즉 여권 사본만 있으면 여행자 보험을 들 수가 있다. 하지만 이건 해외여행에 해당되고 국내여행 여행자 보험은 개인정보 보호법에 따라 여행사가 손님에게 주민번호를 요청할 수 없어 별로로 요청이 있을 경우에만 들어준다. 혹 국내여행을 여행사를 이용하여 간다면 여행자 보험 유무를 확인하여 별도로 요청하기 바란다.

6. 공항에서 해야 할 필수 8가지

목적지에 닿아야 행복해지는 것이 아니라
여행하는 과정에서 행복을 느낀다.

- 앤드류 매튜스 -

해외여행 출발점은 공항이다. 여행자 보험, 여행사와 맺은 여행계약서에도 비행기를 타는 순간부터라고 명시되어 있다. 지금은 익숙해져 있는 정신질환의 일종인 "공황장애" 란 소리를 십여 년 전쯤 처음 들었을 때 그것이 "공항장애" 인 줄 알고 얼마나 공항에서 문제가 많이 생기면 정신질환까지 나타날까? 하는 오해까지 했었다. 여행은 머니(돈) 머니(돈) 해도 비행기를 타고 가야 제맛이다. 우리나라 공항은 대표적으로 인천국제공항, 김포국제공항, 김해국제공항이 있다. 이 밖에 청주, 대구, 제주, 양양, 무안 등이 있다. 보통 공항은 출발 3시간 전에 가는 것이 좋다. 이 시간이면 여권과 항공권에 무슨 문제가 있어도 대처가 가능하다. 요즘은 자동화 시스템으로 공항도 인력을 줄이고 있고 수속 속도도 빨라지고 있다. 미래에는 사람이 필요 없는 무인 공항이 생기지 않을까?

누구나 공항 가는 길은 설렌다. 여행을 가고, 출장을 가고, 유학을 가고, 이민을 가고, 또 어떤 사람은 해외 파견으로

"20년 경력 현직 여행사 사장이 알려주는 여행 꿀팁"

일하러 가는 사람들도 있다. 공항만큼 많은 사연들을 가지고 있는 장소가 또 있을까? 헤어짐이 아쉬워 서로 엉켜 우는 모습, 성공한 아들 덕분에 처음으로 비행기를 타고 해외여행 가는 허리 굽은 노모의 모습, 그토록 보고 싶던 사람을 몇십 년 만에 만나 기쁨의 눈물을 흘리는 모습, 늘 바라고 꿈꿔왔던 여행지를 다녀온 부인도 다시 공항에 돌아와 삼식이 남편의 마중 나온 모습이 반가운 곳이 공항이다.

공항은 여행의 출발점이자 종착지다. 입국은 짐 찾아 그냥 집에 가면 된다. 그러나 출국할 때는 복잡한 문제들이 몇 가지 있다. 이를 공항 도착해서 순서대로 간단하게 8가지로 정리하면

첫째, 체크인이다.

2019년 기준으로 전 세계 약 4,400여 개의 항공사가 등록되어 있다. 한 개의 항공사가 하루에 한 편씩 2시간 동안 날아다닌다면 전 세계 하늘에는 늘 약 360대의 비행기가 떠 있는 것이다. 이런 비행기를 타기 위해서는 체크인을 해야 한다. 보통 항공 예약이라 함은 그 날짜 그 시간에 그 비행기를 타겠다는 약속으로 돈을 내고 표를 구매하는 행위이다. 체크인은 그 비행기를 타기 위해 좌석 번호와 탑승구 번호가 적힌 보딩 패스(탑승권)를 받고 짐을 부치는

행위이다. 체크인은 공항 도착해서 바로 해야 한다. 그래야 부치는 짐도 손에서 자유로워진다. 요즘 국적기 같은 경우에는 집에서도 인터넷으로 출발 48시간 전부터 체크인이 가능하다. 공항에서는 짐만 부치면 된다. 공항은 이런 체크인을 하기 위해 있다 해도 과언이 아니다.

둘째, 마일리지 적립이다.

마일리지 적립은 크게 대한항공과 아시아나항공으로 나누어볼 수 있다. 전 세계 항공사들이 서로 연합을 하여 그 연합된 항공사 마일리지 적립을 할 수 있고 비행기도 탈 수 있는 시스템이 있다. 대한항공이 속해 있는 스카이팀(SKYTEAM) 연합은 20여 개의 항공사가 있다. 아시아나가 속해 있는 스타얼라이언스(STAR ALLIANCE)는 28여 개의 항공사가 있다. 연합에 속해 있는 항공사를 타면 마일리지 적립을 대한항공 또는 아시아나항공 마일리지로 적립받을 수 있다. 가끔 연세 드신 분들이 대한항공 마일리지 카드로 아시아나 마일리지 적립을 해달라고 떼를 쓰는 경우가 있다. 이는 서로 경쟁 상대이기 때문에 마일리지 적립이 안 된다. 마일리지는 적립해놓으면 요긴하게 쓸 수 있다. 마일리지가 많으면 비행기를 무료로 탈 수 있고, 공항 라운지도 이용할 수도 있고, 좌석 승급도 할 수 있다.

제주도는 15,000마일만 있으면 왕복으로 다녀올 수 있다. 유럽 한 번 다녀오면 거의 1만 마일이다. 꼭 적립하자.

셋째, 여행자 보험과 스마트폰 로밍이다.

여행사를 통해 여행을 간다면 여행자 보험은 여행사에서 가입해준다. 자유여행이면 미리 인터넷으로 가입도 가능하다. 또는 공항 출국장 옆에 여행자 보험 코너에서 금액에 따라 차등한 여행자 보험을 들 수 있다. 앞에서도 언급했듯이 여행자 보험으로 분실물에 대해서는 보험 적용을 못 받는다 생각하고 보험을 들어야 한다. 그래야 아깝지 않다. 로밍은 그 나라에 도착해서 폰을 켜면 자동으로 로밍이 되어 전화를 받고 걸고 하는 것은 자동으로 된다. 다만 받는 비용, 거는 비용이 해외이기 때문에 별도로 국제 통화료가 본인에게 부과된다. 보통 해외에서 폰을 켜면 해외통화 시 1분당 얼마라고 통신사에서 문자가 온다. 통화를 위한 자동 로밍비용은 몇백 원이다. 공항에 있는 통신사에서 하는 유료 로밍은 해외에서 인터넷을 항상 어디서나 사용해야 하는 사람만 하기를 바란다. 기껏해야 카톡 정도 이용하려고 굳이 돈을 주고 인터넷 로밍을 할 필요 없다. 요즘은 대부분 호텔에서는 무료로 와이파이를 사용할 수 있다. 그때 못다 한 카톡을 해라. 해외에서 로밍 문제로 몇십만 원 휴대폰 요금이 나왔다는 사람들이 있다. 이 사람들은 저렴한 로밍요금제를 신청하지 않고 인터넷을 해외에서 사용해서이다. 요금 폭탄을 맞은 사람들을 보면 본인이 로밍을 하여 인터넷을 사용한 줄도 모른다. 그냥 사용하지도 않았는데 요금 폭탄을 맞았다고 통신사에 따진다. 해외로밍 요금제를 신청하지 않고 해외에서 데이터를 켜고 다녔기 때문이다. 한국에서는 언제나 데이터를 켜고 다니니 외국에서도 언제나 켜고 다녀서 그런 문제가 발생한 것이다. 해외 나가면 반드시 스마트폰 데이터를 차단해야 한다. 그럼 전화는 되지만 인터넷은 안 된다. 아니면 저렴한 데이터 요금제, 와이파이 도시락 등 시중에 해외에서 인터넷을 저렴하게 사용할 수 있는 도구들이 많이 있으니 출발 전에 확인하기 바란다.

넷째, 환전이다.

환전은 공항이 제일 비싸다. 하지만 많은 금액을 환전하는 것이 아니기 때문에 공항에서 하는 것이 좋다. 공항이 비싸다고 동네 은행에 가서 하는 사람들이 있는데 시간과 노력 대비 공항이 낫다. 보통 천 원 안팎 손해 보는 것이다. 환전은 금액이 큰 것보다 작은 단위로 환전하면 현지에서 유용하게 쓸 수 있다. 유럽을 제외하고 대부분 나라에서는 미국 달러가 통용이 된다. 통용이라 함은 외국 사람들이 가는 관광지 주변에서 통용된다는 것이다. 우리나라에서도 외국 사람들에게 달러가 통용되는 곳이 여러 곳 있다. 그런데 외국인이 달러를 들고 우리 동네 편의점에 가면 통용이 안 된다. 외국도 관광지역이 아닌 곳은 대부분 그 나라 돈만 쓸 수 있다. 유럽은 달러 통용이 아예 안 된다. 달러를 싫어한다. 그래서 유럽 갈 때는 우리에게는 생소한 유로화로 바꿔야 한다. 유럽을 제외한 지역은 일단 달러로 환전하고 현지에서 필요하면 달러를 그 나라 돈으로 환전하면 좋다. 아니면 그 나라 돈이 필요할 때 현지 가이드에게 유로나 달러를 주고 필요한 만큼 그 나라 돈으로 환전해달라 하면 된다. 현지 가이드들은 투어에 필요한 현지 돈을 들고 다니기 때문에 약간의 돈은 환전이 가능하다. 자유여행이라면 아예 처음부터 그 나라 돈으로 환전해 가는 것이 좋다. 우리나라 돈은 동남아 일부 국가를 제외하고 전 세계적으로 현지에서 환전이 안 된다. 한화만 잔뜩 들고 가면 유일하게 가이드에게서만 환전이 가능함을 참고하기 바란다.

다섯째, 출국이다.

우리나라 입출국 속도는 빠르기로 전 세계적으로 1등이다. 나도 많은 나라들을 다녔지만 우리나라만큼 빠른 나라가 없다. 그 이유는 자국민이기 때문이다. 1988년 서울올

림픽 이후 해외여행 자유화가 되면서부터 우리나라 사람들은 해마다 출국자 신기록을 세우고 있다. 경제와는 아무런 관련 없이 출국자 수는 늘고 있다. 지금은 대한민국 성인이면 자동 출입국이 가능하여 지문이 희미한 문제만 없다면 출국 수속은 몇십 초면 이미그레이션 통과가 가능하다. 이미그레이션 통과에 앞서 기내로 들고 타는 수화물 검사를 한다. 기내에서는 하늘 위 한정된 공간이기 때문에 위험한 물건을 제한하고 있다. 액체류는 폭탄으로 오인할 수 있어서 안 된다. 손톱깎이, 가위, 칼 등은 다른 사람을 위협할 수 있어서 안 된다. 그럼 스카치테이프는 될까, 안 될까? 그렇다. 이것도 남을 위협할 수 있기 때문에 안 된다. 그럼 과일, 김밥, 떡, 햄버거는 어떨까? 이것들로 사람을 위협하지 못하기 때문에 모두 가능하다. 이처럼 출국을 하기 위해서는 수화물 검사와 이미그레이션을 통과해야 한다.

여섯째, 면세점 이용이다.

요즘은 인터넷으로 미리 면세품을 구입하고 공항에서 찾는 사람들이 많아졌다. 인터넷으로 주문한 면세품을 찾느라 1시간 이상 기다리는 경우가 있을 만큼 면세품 인터넷 구입이 많아졌다. 인터넷 구입이 많아진 이유는 본인 것이 아닐 가망성이 많다는 것이기도 하다. 면세점이라고 해서

다 싼 것은 아니다. 몇몇 제품은 현 시중에 세일 가격으로 나와 있는 것이 더 저렴하다. 면세점에서 물건구입 시 여권과 보딩 패스를 보여줘야 한다. 간혹 이 여권과 보딩 패스를 면세점에 놓고 물건만 가지고 탑승구에 오는 경우가 있다. 그 사실을 알고 나서부터는 공항을 전력질주로 왔다 갔다 해야 하니 면세점 이용 시 반드시 여권과 보딩 패스를 잘 챙기기 바란다.

일곱째, 출발 탑승구 이동이다.

일단 이미그레이션을 통과하면 탑승구가 어디인지 먼저 확인하고 면세점을 이용하면 좋다. 면세점에서 탑승구까지 거리와 소요시간을 계산해야 한다. 보딩 패스에 보면 비행기 타는 시간이 적혀 있는데 꼭 그 시간까지는 탑승구에 가야 한다. 탑승구는 간혹 출발 몇 분 전에 갑자기 변경되기도 하니 항상 탑승구 안내 모니터를 봐야 한다.

여덟째, 비행기 탑승이다.

탑승할 때는 여권과 보딩 패스를 같이 검사한다. 기내로 들고 타야 하는 짐이 많으면 되도록 남들보다 빨리 기내로 탑승해야 짐 넣을 공간을 확보할 수 있다. 그런 일은 거의 없지만 간혹 카운터 실수로 좌석번호가 겹치는 경우 먼저 앉은 사람이 임자다. 그렇게 되면 나중에 온 사람은 가운데에 껴서 가는 안 좋은 다른 자리에 배정받을 수도 있다. 탑승을 마지막으로 비행기 자리에 앉으면 그때부터 여행이 시작된다.

여행업에 종사하고 있는 나도 아직까지 공항에 가면 설렌다. 어디론가 떠나고 싶다고 농담처럼 말하는 그 장소이기 때문에 그런 것 같다. 기분 좋고 설레는 그런 장소를 초조하고 애가 타는 긴장과 바꾸지 않으려면 위의 8가지를 꼭 명심하기 바란다.

7. 출입국카드 작성 노하우

인간은 자신이 필요로 하는 것을 찾아 세계를 여행하고 돌아와
그것을 발견한다.

- 조지 무어 -

여권에 나의 모든 정보가 있는데 출입국카드를 왜 써야
할까? 답은 그 나라에서 쓰라고 하니까 쓴다. 후진국일수록
비자 받기가 까다로운 나라일수록 출입국카드를 작성한다.
요즘은 점점 많은 나라가 출입국카드 작성을 폐지하고 있
다. 여권기록이 전산에 남기 때문이다. 그럼 승무원에게 볼
펜을 빌려 달라 하지 않아도 되고 입·출국 하는 데 시간
도 빨라진다. 또한 쓰는 방법을 몰라 주위 사람에게 물어
보지 않아도 된다. 카드는 보통 한 장으로 되어 있고 거기
에 반쪽은 입국 때, 반쪽은 출국 때 낸다. 세관신고서가 따
로 있는 나라도 있다. 대만은 입국카드만 있고 출국카드와
세관신고서는 없다. 유럽은 거의 출입국카드가 없다. 입국
카드를 써서 여권과 함께 이미그레이션 직원에게 내면 입
국카드는 보지도 않고 옆에 놓고 여권 정보만 살핀다. 가
끔 보는 직원이 있는데 빈칸이 있는지만 본다. 다시 말해
숫자 한두 글자 정도 틀려도 문제없다. 입국카드 작성은
대부분 여권 정보만 써 넣으면 된다. 이미그레이션 직원에

게 여권과 입국카드를 작성해서 제출했는데 입국카드를 다시 돌려주거나 그중의 일부를 손님에게 돌려주는 경우가 있다. 이것은 잘 두어야 한다. 출국할 때 쓰는 출국카드이기 때문이다. 만약 잃어버려도 출국할 때 다시 작성하면 되긴 하지만 번거롭다. 여권 뒷면에 잘 꽂아두는 것이 좋다. 여권만 있으면 입·출국카드 모두 작성할 수 있다.

출입국카드 작성할 때 주의할 점
첫째, 빈칸을 모두 채운다.
여권 정보 이외에 호텔 이름과 전화번호를 쓰라고 하는 나라도 있다. 첫날 투숙하는 호텔 이름을 적으면 되고 호텔 전화번호 모르면 본인 핸드폰 번호를 적어라. 공항 직원이 쓰는 칸이 있고 본인은 비자가 없는데 비자 번호를 쓰라고 하는 칸이 있다. 여기는 아무것도 쓰지 말아야 한다. 쓰다가 틀리면 틀린 부분을 긋고 그 위나 밑에 다시 쓰면 된다.

둘째, 세관신고서는 짐을 찾고 나서 제출한다.
세관신고서를 써야 되는 나라는 내 짐을 찾고 밖으로 나갈 때 세관신고서를 별도로 받는다. 어떤 나라들은 작성을 했는데 안 받는 나라도 있고 어떤 나라는 신고할 물건이 있는 사람만 작성해서 낸다. 여행으로 가는 사람들은 반드

"20년 경력 현직 여행사 사장이 알려주는 여행 꿀팁"

시 신고할 게 없다고 해야 한다. 본인이 생각할 때 있다 하더라도 없다고 해라. 문제가 될 것들은 집에서 짐 꾸릴 때부터 넣지 않으면 된다. 혹 문제가 되는 것들이 있으면 한국에서 비행기 탈 때 걸리기 때문에 걱정 안 해도 된다. 그리고 면세점에서 산 고가의 가방, 담배, 양주 등은 우리나라로 들어갈 때 문제이지 그 나라 들어갈 때는 문제가 없다. 다만 농산물은 문제가 된다. 가공하지 않은 농수산물, 예를 들어 생고추, 김치, 새우젓갈, 고추장, 된장 등을 그냥 용기에 담아가다가 간혹 걸릴 수 있다. 반드시 진공포장이나 통조림 포장된 것으로 사 가지고 들어가야 한다. 그 나라에 반입 금지되는 물품은 유행병과 국제 정세에 따라 매번 변경될 수 있으니 출발 전 여행사나 관련기관, 주최자에게 물어봐야 한다.

셋째, 이미그레이션 통과 시 공항 직원이 말을 걸어오면 못 알아들은 척하라.

정말 꼭 한마디 할 상황이 발생하면 '예스' 또는 '노'만 해야 한다. 뭔가 질문에 대답하면 문제가 복잡해질 수 있다. 전에 교회 단체가 중국으로 여행 갔을 때 일이다. 손님 중에 중국말을 좀 하는 한 명이 잘난 체하다가 1시간을 공항에서 보낸 적이 있다. 이유는 여행 중 기도를 한다였다. 그냥 교회 단체이니까 투어 중에 기도도 한다라고 했는데 공항 직원은 그것을 종교 활동으로 크게 확대 해석해서 공항 입국심사대에 끌려갔다. 현지 가이드를 안으로 불러다가 한참을 설명하고 나서야 풀려났다. 또 한번은 한 사람이 출국장 밖으로 안 나와서 가봤더니 출국 심사대 옆에서 설문서를 작성하고 있었다. 공항이 어땠는지 직원은 친절했는지 등 영어를 좀 한다는 이유로 그 손님에게 설문서 작성을 의뢰했던 것이다. 이제껏 20년 넘게 여행업에 종사하면서 언어를 못해 공항에서 문제가 된 적은 한 번도 없었다. 공항 직원이 뭐라 하면 그냥 못 알아먹는다는 식으로 어깨만 한 번 들썩이면 그만이다. 그러면 자장면 배달원이 어디든 신분증 없이 통과가 가능하듯 공항 이미그레이션도 무사통과다. 나는 외국을 많이 왔다 갔다 하다 보니 여권번호와 여권 만료일 등 여권 정보가 머릿속에 있다. 그럼 출입국카드 작성할 때 따로 여권을 꺼내지 않아도 된다. 여권을 꺼내야 하는 번거로움을 없애기 위해서는 나처럼 외우든가 아니면 여권 앞면을 폰으로 찍어 간직하면 된다.

가끔 투숙 호텔과 전화번호 심지어 태국 입국카드는 본인 한 달 수입까지도 표기해야 하는 입국카드도 있다. 연세가 드신 손님들은 글씨도 잘 안 보이고 영어로 되어 있어서 작성하는 데 애를 먹는다. 이럴 때 승무원 또는 옆의 사람에게 도움을 요청하면 좋다. 주위에 젊은 사람에게 요청하면 더 잘 도와준다. 요즘은 여행사에서 작성법을 알려준다. 우리 여행사는 그 나라 출입국카드를 미리 구해서 아예 출국 전에 우리가 써서 여권 뒷면에 꽂아준다.

공항 이미그레이션 빠른 통과는 여권에 도장을 찍어주는 공항 직원을 잘 만나야 한다. 손이 빠르고 대충대충 하는 직원이 좋다. 내 경험상으로 여자보다는 남자 직원들이 빠르다. 그런데 이상하게 항상 내 줄이 제일 느렸다. 미국 같은 경우는 입국할 때 가끔 어느 호텔에서 자는지, 언제 한국에 돌아가는지 등 간단한 질문을 영어로 손님한테 하는 경우가 있다. 이때 영어를 알아듣지 못해 버벅거리고 있으면 한국말을 통역해주는 직원이 나오는 경우도 있고 그냥 보내주는 경우도 있다. 여권과 비자에 문제가 없고 과거 그 나라에서 문제가 되었던 적이 없으면 모두 통과다. 출입국카드 작성을 잘못해서 입국거절 당하지는 않는다. 한번은 한참 자고 있는 새벽에 현지에 막 도착한 손님에게서 전화가 왔다. 전화기 너머로 쌍시옷이 막 나오고 있었다. 우리가 작성해준 출입국카드 때문에 본인이 이미그레이션에서 걸려 통과를 못 하고 있다고 했다. 공항 직원을 바꾸어 통화를 해보니 호텔 전화번호가 없어서 호텔 전화번호를 쓰라고 했다고 한다. 손님은 그걸 못 알아들어서 당황하여 나한테 전화를 한 것이다. 일행 전부가 호텔 전화번호를 다 안

썼는데 유독 그 손님만 걸린 것이다. 왜 그럴까? 답은 그 공항 직원 마음이다. 공항 직원들도 사람이고 감정의 동물이다. 아마 그 손님 태도의 문제일 가망성이 크다. 이미그레이션 통과할 때는 공항 직원에게 여권 사진과 내가 맞는지 잘 알아보도록 모자와 선글라스를 벗고 정면을 응시해야 하는 것이 기본이다. 껌도 씹지 말고, 핸드폰도 보지 말며, 뒤의 사람과 얘기도 하지 않고 다소곳이 입국심사를 받아야 한다. 그럼 뭔가 부족하게 작성하였더라도 그냥 통과시켜 주거나 심지어는 공항 직원이 작성도 대신해준다.

내국인은 한국 입국 시 입출국 서류가 없고 세관신고서만 작성하면 된다. 가끔 영어로 작성하는 사람이 있는데 한국 사람이니까 세관신고서는 한글로 작성한다. 이름, 생년월일, 여권번호, 직업, 주소, 전화번호와 여러 가지 체크 사항에 표기를 해야 한다. 세관원이 세관신고서 받을 때 꼭 보는 것은 이름과 연락처, 체크 사항에 표기했는지를 본다. 직업란은 안 써도 된다. 나는 입국 때마다 연예인, 화가, 음악가, 백수라고 번갈아 가면서 써봤는데 문제가 된 적은 없다. 직업은 개의치 않는다는 것이다. 다만 꼭 검사를 받아야 하는 직업이 있다. 가축을 키우는 축산업에 종사하는 손님들은 반드시 출국 전에 신고하고 입국 후에 다시 신고해야 나중에 벌금을 안 문다. 출입국카드와 세관신고서가 필요한 나라는 미리 체크하여 출국 전에 작성법을 알아가는 것이 좋다. 요즘 인터넷에 그 나라 이름과 출입국카드 작성법이라고 검색하면 작성법이 잘 올라와 있다. 또한 해당 여행사에서도 잘 알려준다.

8. 여행비용 책정하기

진정한 여행은 새로운 풍경을 보러가는 것이 아니라, 세상을 바라보는 또 하나의 눈을 얻어 오는 것이다.

- 여몽 -

여행비용은 시기와 조건에 따라 같은 지역이라도 금액이 천차만별이다. 싸다고 해서 나쁘고 비싸다고 해서 좋은 것은 아니다. 여행비용도 경제의 원칙과 같이 최소의 비용으로 최대의 효과를 내면 된다. 물론 개인마다 최소의 비용이 차이는 있을 수 있다. 여행비를 책정하는 몇 가지 도움될 만한 사항을 적었다.

1) 휴가철과 연휴 때 비싸다

OECD국가 중 근로시간이 긴 순위에서 우리나라가 3위를 차지할 만큼 사람들은 바쁘다. 직장인들은 시간에 쫓겨 산다. 그들에겐 1년 중 여유시간이 가장 많을 때가 명절연휴 기간과 여름철 휴가 기간이다. 그러다 보니 이 기간을 이용하여 밀린 숙제 하듯 공항으로 가방을 싸들고 나간다. 수요와 공급의 원칙에 따라 공급이 수요를 못 따라가다 보니 이때는 여행비가 비싸다. 동일한 상품이 불과 일주일

전과 비교하여 2배 이상 비싸다. 여행비가 비싸지는 이유는 항공료와 여행사 수익이다. 항공요금은 평소보다 최대 2배 비싸다. 그래도 항공 자리는 없다. 여행사도 평소 만 원 수익을 이때는 2만 원 남겨도 손님은 끊임없이 예약을 한다. 항공 전세기를 띄워도 자리는 모자란다. 이 기간 아침에 공항을 가보면 대머리 아저씨 머리카락이 새로 난 듯 사람들로 시커멓다.

보통 전 세계 유명 관광지는 성수기와 비수기로 나눈다. 우리나라 제주도처럼 관광객이 많이 몰리는 때에는 성수기이고 그렇지 않을 때는 비수기이다. 그러나 우리나라 여행객이 그 나라에 며칠 몰린다고 해서 성수기가 되는 것은 아니다. 한정된 항공 좌석을 꽉꽉 채워가도 인원은 많지 않다. 간혹 여행사 직원이 연휴기간이라 현지가 비싸다고 하는 것은 대부분 모르고 하는 말이거나 잘못된 정보다. 물론 성수기인 지역도 있지만 우리나라가 성수기라 현지도 성수기가 되는 것은 아니다. 이 시기에 해외여행을 가면 전 일정이 동일한 한국 사람들만 보인다. 첫날 비행기에서 봤던 다른 일행을 마지막 날까지 가는 곳마다 본다. 그리고 같은 비행기를 타고 한국으로 돌아간다. 생전 연락해도 닿지 않아 빌려줬던 돈을 못 받은 철수 엄마도 여행지에서 만난다. 그러면서 '그 나라 갔더니 한국 사람밖에 없다 말한다.' 대부분 그렇게 말하는 여행객은 짧은 일정의 일본, 중국, 동남아 코스만을 다녀오는 사람들이 많다.

어떤 여행 상품은 똑같은 일정과 조건인데도 가격차이가 3배 이상 날 때도 있다. 날짜만 다르다. 맛있는 사과를 맛없는 사과보다 비싸게 파는 것은 이해가 되는데 그 기간에만 똑같은 사과의 맛을 사는 사람이 많다고 평소 가격보다 비싸게 판다. 그래서 시간이 여유로운 사람들은 이 연휴기간을 피해서 가면 좋다. 그러면 현지에서도 한국인이 많지 않아 덜 기다리고, 가이드들도 덜 피곤하니 손님들을 더 잘 대해줄 수 있다. 사람 많을 때 놀이기구 한번 타려면 몇 시간을 기다리는데 평일은 기다림 없이 타는 것과 마찬가지다. 이런 연휴는 오직 여행사 사장과 항공사 사장만 좋다. 나머지는 다 고생한다. 손님도 고생하고, 가이드도 고생하고, 버스기사도 고생하고 항공사 직원들도 고생한다. 보통 때보다 비싼 돈 내고 보통 때보다 대우도 못 받고, 보통 때보다 볼 것도 제대로 못 보는 연휴나 명절 때의 여행은 추천해주고 싶지 않다. 시간이 이때만 허락되는 사람들을 제외하고는 이때가 여행하기에는 가장 부적기임을 반드시 알아야 한다.

2) 저렴한 항공권 구입하기

동일 지역을 가더라도 항공료는 국적, 저가 항공, 가는 날짜, 인원수, 좌석 클래스에 따라서 요금이 다르다. 내가 일본을 지난달에 30만 원에 다녀왔지만 이번 달에는 30만 원이 아닐 수 있다. 동일 지역을 가는데 항공료를 저렴하게 가는 몇 가지 방법을 소개하겠다.

첫째, 국적기를 피하라.

우리나라 사람이 가장 선호하는 항공기는 대한항공과 아시아나항공이다. 일단 기내서비스가 좋다. 그리고 승무원들이 한국 사람이어서 좋다. 또한 젊고 친절하다. 어떤 사람들은 자리가 넓어서 좋다고 한다. 하지만 대한항공과 아시아나항공이라 해서 자리가 더 넓지는 않다. 비행기 기종마다 다르기 때문이다. 물론 저가 항공(Low Cost Carrier; LCC)은 자리를 좁게 만들어 더 많은 인원을 타게 해 준다. 우리나라 기준으로 볼 때 항공료가 가장 비싼 항공사는 대한항공이고 그다음이 아시아나항공사이다. 그런데 여행 목적지 국가에서 우리나라를 오가는 왕복 티켓을 구입하면 이 두 항공사 요금이 비싸지 않다. 국적기가 비싼 이유는 우리나라에서 출발하는 비행기라 비싼 것이다. 바꾸어 얘기하면 우리나라 사람에게만 대한항공과 아시아나항공이 비싸다. 나의 생각은 굳이 이런 비싼 항공 티켓을 사서 갈 필요는 없다고 생각한다. 항공 스케줄이 다른 항공사보다 좋은 것도 아니고, 그렇다고 더 빠르게 날아가는 것도 아니다. 기내식이 다른 항공사보다 더 나오는 것도 아니다. 국적기라 비싸다. 국적기 못지않은 항공사들도 많이 있는데 군이 몇만~몇십만 원을 더 주고 국적기를 탈 필요는 없다. 차라리 그 돈으로 현지 가서 맛있는 거 더 사 먹고 더 좋은 호텔을 이용하는 편이 훨씬 경제적이다.

둘째, 성수기를 피하라.

항공료도 성수기와 비수기가 있다. 여러 사이트에 보면 항공료 싸게 구입하는 방법 해서 많은 도움 되는 글들을 올려놓았다. 다 같은 이야기이다. 항공요금이 제일 쌀 때는 비행기 자리가 가장 많이 남아돌 때가 가장 싸다. 그것은 항공자리의 요금별 기준이 있기 때문이다. 똑같은 이코노미 클래스라도 옆의 사람하고 나하고 요금이 다를 수 있다. 그것은 언제 샀느냐 몇 명이서 샀느냐 돌아오는 날이 언제냐에 따라서 요금이 달라진다. 비행기마다 좌석 특가 클래스를 지정해놓는다. 그리고 마치 그 요금이 전체 좌석요금처럼 홍보한다. 가끔 아파트 분양요금이 평당 600만 원대라고 홍보해서 가면 아파트 1층만 699만 원이고 나머지 층은 평당 1,000만 원인 것과 비슷하다. 나에게도 저렴한 항공권을 구입할 수 있는지 문의를 많이 받는다. 여행사 직원은 30만 원짜리 항공권을 10만 원에 살 수 있다고 생각하는 사람들이 간혹 있다. 그런 재주는 없다. 어떤 때는 손님이 우리보다 특가 항공권 정보에 대해 더 많이 알고 있을 때가 있다.

셋째, 경유 항공기를 이용하라.

같은 지역을 가더라도 직항보다는 경유가 더 저렴하다. 경유는 비행기를 더 많이 탄다. KTX와 고속버스는 경유를 하게 되면 더 비싼데 항공료는 더 저렴하다. 이는 항공료는 기름값과 무관하다는 뜻이다. 내가 아는 선배는 시간이 많다 하면서 호주 시드니를 가는데 베트남을 경유하고 경유지에서 10시간을 기다렸다가 호주 시드니까지 간 적이 있었다. 비용이 정상 가격의 3분의 1이었으니 비행기 타는 것을 좋아하고 시간 많은 사람들은 이런 경유 편도 좋다. 경유 시 공항 면세점에서 기다려야 한다는 불편함은 있지만 이를 좋아하는 손님들도 많다. 비행기를 한 번에 장시간 타지 않아서 좋고, 금액도 저렴해서 좋고, 다른 나라 면세점도 구경해서 좋다. 이 경유를 1박2일 동안 할 수도 있다. 항공 용어로 스탑오버(stopover)라고 한다. 24시간 이상 경유지에서 머물다가 같은 항공사 비행기를 이용해 목적지로 이동하는 것을 말한다. 바로 그날 연결되는 비행기를 타는 것이 아니라 다음 날 연결되는 비행기를 타는 것이다. 그래도 항공료는 동일하다. 그렇게 하면 그 경유국가를 1박2일 동안 머물면서 여행할 수가 있다. 우리 여행사 손님들도 미얀마를 갈 때 스탑오버를 이용하는 경우가 간혹 있었다. 베트남 하노이 경유를 1박2일 동안 한다. 그러면서 하롱베이 관광을 하는 것이다. 게다가 항공료가 대한항공 직항보다 저렴하다. 그 항공료를 아껴서 베트남 하롱베이를 1박2일 동안 여행한다. 그리고 하노이 공항으로 가서 미얀마 가는 비행기를 타면 된다. 결과적으로 대한항공 직항으로 미얀마를 여행하는 경비로 베트남 하롱베이까지 여행할 수 있는 것이다. 이 얼마나 좋은가!

넷째, 저가 항공을 이용하라.

불과 몇 년 사이에 저가 항공사들이 많아졌다. 우리나라 항공사 중에 대한항공과 아시아나항공 이외에는 전부 저가 항공이다. 진에어, 티웨이항공, 제주항공, 이스타항공, 에어서울 등 매년 저가 항공사가 늘어간다. 저가 항공의 가장 큰 특징은 기내식이 없고 담요와 음료서비스가 없다. 엄밀히 말하자면 유료다. 항공료에 포함되지 않은 것이다. 심지어는 저가 항공 특가 자리는 별도의 큰 짐도 못 부친다. 짐을 부치려면 돈을 추가로 내야 한다. 짐 무게도 15kg으로 한정되어 있다. 비행기는 가벼워야 기름을 덜 먹는다. 미국의 어느 항공사는 몸무게도 기준치보다 많이 나가면 추가 항공료를 받는다. 저가 항공은 복도가 하나인 작은 비행기가 많다. 연료를 가득 채워도 6시간 이상 날지 못한다. 그래서 가까운 일본, 중국, 동남아 지역만 다닌다. 먼 곳은 저가 항공이 연료부족 때문에 다니질 못한다. 여행 상품가가 저렴할수록 저가 항공을 많이 이용한다.

여행을 결정할 때는 항공도 중요하지만 비행기는 잠깐 타는 것이다. 지하철을 타는 이유는 목적지까지 이동하려고 타는 것이다. 마치 지하철을 타는 이유가 자리에 앉기 위해 타는 것인 양 자리가 나면 기겁하고 자리를 맡으려고 하는 사람들이 있다. 비행기도 마찬가지다. 비행기가 편하면 얼마나 편하겠는가? 오래 타면 얼마나 더 오래 타겠는가? 국적기가 아니라서 여행 상품을 택하지 않은 손님이 있다. 그러면서 현지 여행 일정에 대해서는 무지에서 오는 건지 신경을 쓰지 않아서 그런 건지 아무 말이 없다. 그런 손님들에게 말하고 싶다. "비행기 타는 거 힘드시면 현지 가서 더 힘드세요~."

3) 비행기는 여행의 일부다

여행 상품을 선택할 때 또 한 가지의 기준은 여행지 도착시간이다. 우리나라 여행 기간은 길지 않기 때문에 시간을 효율적으로 쓰려면 현지 도착시간을 고려해야 한다. 되도록 빨리 현지에 도착해서 한국에 돌아올 때는 최대한 늦게 오는 비행기가 좋다. 그런데 애석하게 이런 비행기는 거의 없다. 빠른 시간대에 가면 빨리 와야 하고 늦은 시간대에 가면 늦게 온다. 물론 가까운 일본, 중국 노선은 동일 항공사가 하루에도 몇 번씩 왔다 갔다 하는 경우도 있지만 그런 경우를 제외하고 보통 동일 항공사 비행기는 하루에 한 번 또는 며칠에 한 번 그 지역을 간다. 또한 저가 항공사 포함 우리나라 국적기는 손님을 태우고 그 나라에 도착해서 보통 한두 시간 안에 그 현지 공항에서 다시 한국으로 이륙해야 한다. 아주 먼 미국을 가는 비행기도 마찬가지다. 승무원과 기장만 바뀐다. 한국 출발 도착은 보통 새벽 시간에는 없다. 이때는 대중교통이 없기 때문이다. 적어도 새벽 6시 이후 비행기가 한국에서 출발하고 늦어도 밤 12시 전에는 한국에 도착한다. 우리나라와 다른 나라에는 시차가 있다. 비행기가 날아가는 시간도 계산해야 한다. 이 것저것 다 따지다 보면 손님이 좋아하는 시간대에 항공사를 선택하기 어렵다. 그래서 항공사끼리 만들어놓은 룰 같은 것이 있다. 동남아 가는 비행기는 저녁에 한국 출발해서 돌아올 때는 한국에 이른 아침에 도착하는 것이다. 그러면 모든 것을 충족할 수 있다. 결과적으로 손님은 여행

"20년 경력 현직 여행사 사장이 알려주는 여행 꿀팁"

첫날과 마지막 날은 그냥 비행기만 타는 일정이다. 3시간 이내로 이동하는 나라인 일본과 중국 일부 지역을 제외하고 전 세계 어느 지역을 가든 첫날과 마지막 날은 비행기 타는 것으로 끝난다. 다른 일정을 할 수가 없다. 그래서 해외여행은 2박3일 코스가 거의 없다. 유일하게 2박3일 여행 코스를 만들 수 있는 나라가 일본이다. 물론 다른 나라도 2박3일 코스를 만들 수 있지만 시간과 비용 대비 좋은 여행코스가 아니다.

항공에서 또 하나 중요한 것이 자리다. 마치 비상구가 원래 자기 자리인 양 비상구를 상품 예약할 때부터 말한다. 여행사 직원들은 비상구 자리에 치가 떨린다. 아주 비행기 좌석은 비상구만 있었으면 좋겠다. 하지만 몇 안 되는 비상구는 잘 주지 않는다. 규정상 아픈 사람 안 된다. 환갑 넘은 사람 안 된다. 그런데 꼭 환갑 넘은 아프신 손님이 이 비상구를 찾는다. 비상구는 여행사에서 선택할 수 없다. 요즘은 많은 항공사들이 인터넷에서 사전 좌석번호를 지정할 수 있는데 비상구 좌석은 선택이 안 된다. 출발 당일 항공사 카운터에서만 손님 건상상태 보고 준다. 어떤 항공사는 이 비상구 자리도 돈을 더 받고 팔고 있다. 비상구 자리를 앉을 수 있는 사람 규정이 있다. 비상구는 항공기 비상 착륙 시 많은 손님들을 밖으로 빠져나갈 수 있도록 도와줄 수 있는 영어를 구사하는 신체 건강한 손님을 앉혀야 한다. 여행 첫날부터 비상구 자리 안 주었다고 삐치는 손님이시여! 그 자리는 신의 영역입니다!

비상구 다음으로 많이 찾는 자리는 항공기 앞자리이다. 내가 모신 손님들이 하는 말이다. 앞자리에 앉으면 비행기가 덜 흔들려 멀미를 안 한다, 앞자리에 앉으면 사고 나도 죽을 확률이 낮다, 등의 이유로 앞자리를 선호한다. 그래서 항공사도 똑같은 일반석 자리라 하더라도 돈을 더 주고 타는 손님들이 앞자리를 먼저 선택할 수 있게끔 해놓았다. 그런데 사실 통계적으로 보면 사고 시 뒷좌석에 앉은 손님들이 덜 죽었다. 또한 바퀴로 가는 것이 아니기 때문에 비행기 앞과 뒤는 똑같이 흔들린다. 복도 자리도 많이 선호한다. 이동의 편안함은 있지만 복도 자리 단점도 있다. 안쪽에 앉아 있는 사람보다 더 많이 일어났다 앉았다 해야 한다. 또한 복도 자리에 앉으면 잠이 잘 안 온다. 장시간 이동할 때는 잠자는 것이 유일한 시간 보내기인데 잠이 안 와버리면 문제다.

어떤 비행기를 타야 하는가는 저마다 다르다. 비행기는 여행의 수단이지 목적이 아니다. 아무리 장시간 비행기로 이동한다 해도 그 여행의 가치로 본다면 극히 일부분이다. 비행기를 선택할 때 가격이 얼마인지? 직항인지, 국적기인

"20년 경력 현직 여행사 사장이 알려주는 여행 꿀팁"

지도 중요하지만 무엇보다 중요한 것은 전체 여행에서 비행기가 차지하는 비율을 봐야 한다. 우리가 서울에서 대전으로 여행 갈 때 어떤 기차를 타고 가야 하나 하는 것이 여행 갈 건지 말 건지 결정하는 데 중요한 것이 아니다. 그 기차가 새마을호인지, KTX인지, SRT인지는 중요하지가 않다. 목적지에 데려다주면 되는 것이다. 비행기가 안 좋아서 여행을 취소하거나 날짜를 바꾼다거나 일행의 일부가 안 간다고 한다면 정말 어리석은 일이다.

4) 홈쇼핑 박리다매 여행

우리나라 홈쇼핑은 무슨 물건이든 시중 가격보다 싸게 판다. 박리다매 때문이다. 순수익을 줄여 상품 가격을 낮게 책정한다. 홈쇼핑에서 여행 상품도 박리다매로 판다. 박리다매는 순이익을 줄여야 하는데 홈쇼핑 여행 상품은 현지 비용을 줄인다. 그래서 저렴한 홈쇼핑 상품일수록 선택관광과 쇼핑이 많다. 나는 홈쇼핑에서 경쟁하듯 자기네 여행 상품이 싸고 좋다며 떠들어대는 것을 볼 때마다 시장에서 싼 옷가지를 들고 싸다 싸다 골라 골라 무조건 만 원! 만 원! 하는 느낌을 받는다.

여행 홈쇼핑은 주말과 휴일 밤이 많다. 남들은 여행 가는데 나도 가보자 하는 심리를 이용하는 것이다. 쇼호스트는 마치 금액이 마법에 걸려 절반을 깎아주는 것처럼 홍보한다. 나도 말을 한참 듣고 있으면 당장 전화 걸어 신청하고 싶어진다. 쇼호스트들이 그 홍보하는 여행에 대해 제대로 알고 있다면 그렇게 얘기하지 않을 거라 생각한다. 산이 높아 당연히 누구나 타고 올라가야 할 케이블카가 큰 혜택인 것처럼 말한다. 현지에서 추가경비가 많이 들어가는 좋지 않은 면이 있음을 말하지 않으면 손님에게 거짓말을 하는 것이다. 마치 투자를 하면 돈을 벌 수도 있지만 돈을 잃을 수도 있다고 말하지 않는 것과 같다. 고지의무를 제대로 하지 않으면 나중에 계약 위반 소지가 있다. 마트의 시식코너처럼 구입 전에 미리 맛볼 수 없으니 예쁜 포장지만 믿고 샀다가 뜯어보니 생각한 것과 다른 품질이 나오면 사기인 것이다. 홈쇼핑 상품이 저렴해서 나쁘다는 것은 아니다. 그동안 비용 때문에 갈 수 없었던 사람들에게 홈쇼핑 상품은 할인권과도 같다. 또한 같은 금액이라도 홈쇼핑은 더 좋은 조건을 제시한다. 여행의 목적이 내가 가보지 않은 유명한 관광지를 가보는 데에 더 의미를 둔다면 정말 좋은 시스템이 홈쇼핑 상품이다. 적은 비용, 더 좋은 조건을 제시하니 말이다. 만약 이 책을 고객이 썼다면 홈쇼핑 여행 상품 잘 고르는 법! 또는 홈쇼핑으로 여행 잘 다녀오기! 이런 제목으로 소비자 입장에서 글을 썼을 것이다.

하지만 여행업 종사자로서 본다면 현재 방영되고 있는 몇몇 덤핑 홈쇼핑 상품은 결코 좋은 여행 상품이 아니다. 홈쇼핑 상품을 고를 때는 적정 가격인지를 여타의 일반상품과 비교해봐야 한다. 내가 알고 있는 가격보다 현저하게 싸다면 나중에 상담원과 통화할 때 싼 원인을 찾아야 한다. 기내식이 없는 저가 항공인지. 한참을 돌아가는 경유비행기인지, 우리나라 여관 수준의 호텔이 아닌지. 샐러드 수준의 5천 원짜리 식사가 아닌지, 가이드, 기사 경비는 얼마인지, 쇼핑은 3회가 넘는지, 필수 선택 관광비용이 얼마인지를 꼼꼼히 챙겨봐야 한다. 그래서 본인이 감당할 만한 내용일 때 예약해야 한다. 판매금액만 보고 홈쇼핑을 골라서 간다면 그 여행사와는 원수가 될 수도 있기 때문이다.

5) 땡처리 여행

여행사를 운영하다 보니 간혹 사람들이 땡처리 여행 나온 것 있느냐고 물어보는 경우가 있다. 나도 땡처리라는 단어를 쓰지만 사실 여행사에서 땡처리 상품은 존재 하지 않는다. 다만 평상시보다 금액을 싸게 해서 홍보용으로 땡처리라는 단어를 쓴다. 땡처리 상품이 없는 이유는 여행은 재고가 없기 때문이다. 방송으로 이야기하자면 늘 생방송과 같고 음식으로는 즉석 음식이다. 어떤 상품도 실시간으로 그 수준에 맞는 비용이 들어가기 때문에 미리 만들어놓고 안 팔리는 상품을 팔아치울 수 없는 것이다. 다만 위에서도 언급했듯이 땡처리와 유사한 상품들이 있다.

많은 사람들이 여행 안 가는 시기에 가면 저렴하게 갈 수 있다. 그럼 사람들이 여행 안 갈 때가 언제일까? 그건 사람들이 일로 바쁘고 연속으로 쉬는 날이 없는 때나 여행 지역이 추울 때이다. 시기적으로 본다면 학기가 시작되고 새로운 다짐을 하는 3월과 4월이 싸다. 여름방학이 시작되기 전인 6월이 싸다. 짧은 여름휴가가 끝나고 업무에 복귀하는 9월이 저렴하다. 겨울방학이 시작되기 한 달 전인 11월이 싸다. 출발 월과 상관없이 여행 상품을 출발 수개월 전에 구입해도 저렴한 상품들이 있다. 대형 여행사에서 내놓는 미끼상품이나, 아니면 미리 항공료를 싸게 구입할 수 있는 상품들이 있다. 얼리버드(early bird)라 한다. 이것은 이른 아침에 일어나는 새가 벌레를 잡아먹는다는 속담에서 유래되었다. 여행비를 좌우하는 것 중에서 가장 큰 것은 항공료이다. 같은 지역이라도 시기에 따라 항공료가 2배 가까이 차이 날 때도 있다. 패키지여행이든 자유여행이든 일행이 많으면 여행사도 손님들도 이득이 된다. 여행사는 1인당 수익이 많아 좋다. 손님은 여행 가격을 흥정할 수 있어 좋다. 단그 상품이 덤핑 상품이면 할인을 안 해준다. 그 사람 말고도 갈 사람은 부지기수이다. 여기 10명 단체가 있다. 현지에서 버스를 5일 동안 사용하는 데 200만 원이다. 1인당 20만 원씩 부담하면 된다. 만약 이 인원이 20명이라 가정해보자. 버스비용을 1인당 10만 원씩 부담하면 된다. 그러므로 전체 여행금액이 10명일 때와 20명일 때는 다를 수 있다. 보통 여행사는 최소 인원으로 손익분기점을 내서 여행금액을 책정해놓는다. 그 인원이 충족 안 되면 여행 출발이 안 되고 인원이 많을수록 여행사 수익은 늘어난다. 그러므로 한 팀 인원이 많다고 생각되면 흥정해라. 만약 전체 금액을 카드 대신 현금 결제를 한다 하면 다만 만 원이라도 저렴하게 해준다. 보통 여행사에서 여행금액은 카드 수수료를 포함하여 결정한다. 현금으로 결제하면 카드수수료만큼 여행사 수익이 늘어나기 때문에 현금 결제를 하면 얼마라도 저렴하게 해주는 여행사들이 많다. 그 밖에 여행 상품을 싸게 가려면 아는 여행사 직원을 통해 가면 좋다. 보통 여행사 수익이 전체 금액의 5~10프로 사이이다. 여행사는 세일하는 직원 재량으로 얼마라도 할인을 해줄 수 있다. 한 명이라도 더 팔아 실적을 쌓아야 하기 때문이다.

6) 여행 상품 적정 가격

같은 지역을 여행비만 생각하고 고르게 되면 이상한 상

품을 고르게 된다. 별 차이 없는 것 같아도 여행지에 가면 대번 차이가 난다. 정작 즐거워야 할 여행이 출발 전까지만 즐거운 우를 범하게 된다. 모를 때는 가장 비싼 거 사면 된다는 말이 있다. 이것이 모든 여행 상품에 해당되지는 않지만 어느 정도 일리가 있는 말이다. 여행비를 아끼려고 가족여행을 가장 저렴한 상품으로 갔다가 가족 전체가 기분 상해서 돌아오는 경우와 맞닥뜨리지 않아야 한다. 가고 싶은 지역을 가장 저렴한 금액에 맞춰서 상품을 골라서는 안 된다. 그 일행에 맞는 상품을 신중히 생각하고 골라야 한다. 그래서 돈이 모자라면 여행비가 준비될 때까지 여행을 미루든 아니면 술만 먹으면 늘 다른 사람보다 앞장서서 내미는 카드를 이럴 때 한 번 더 내밀어야 한다. 한도가 아직 많이 남아 있지 않은가!

나는 저급한 여행 상품을 손님에게 절대 소개시켜 주지 않는다. 그 손님들이 여행 다녀와서 연락을 끊는 경우가 있었기 때문이다. 나중에 다른 사람을 통해 들은 것은 나를 다시 보게 되었다고 했다. 나쁜 사람 아닌 줄 알았는데 사람이 못됐다 하며 한 사람의 인간성까지 들먹였다. 나는 졸지에 알지도 못하는 사람들에게까지 나쁜 사람으로 찍혔고 기존 단골 고객까지 등을 돌렸다. 10년 이상 쌓아온 나의 좋은 이미지는 싸구려 저질 여행 상품 하나로 망가졌다. 그날 이후 절대로 내가 생각하는 수위의 여행 상품 밑으로는 소개시켜 주지 않는다. 그렇게 하니 싼 상품을 원하는 손님들은 내가 소개시켜 준 여행 상품이 비싸다 하며 연락 오지 않는다. 지금 내가 알고 지내는 단골손님들은 전부 저질 상품을 찾지 않는 손님들이다. 나의 단골손님들에게 저질 여행 상품을 추천하면 오히려 난색을 표한다. 본인들이 더 잘 알고 있기 때문이다. 이런 단골손님이 늘어나면 자연스레 저질 덤핑 여행 상품은 없어질 것이다. 물을 바로 마셔도 된다고 해도 꼭 끓여서 마시는 우리나라 수돗물처럼 손님이 찾지 않으면 여행사도 저질 상품을 만들지 않을 것이다.

여행 상품 적정 가격은 여행자 본인이 판단하여야 한다. 똑같은 태국을 가더라고 누구는 100만 원이 적정하다 할 수 있고 누구는 100만 원이 비싸다고 할 수 있다. 다분히 주관적 판단인 것이다. 현지에서 쓰는 비용도 여행비다. 많은 사람들이 여행사에서 파는 금액만을 보고 판단한다. 저렴한 상품일수록 현지에서 쓰는 비용이 더 많다는 사실을 알아야 한다. 그래서 현지에서 드는 예상비용까지도 함께 체크해야 한다.

여행으로 하여금 시간과 돈에 무리가 가면 다음에 가기 힘들어진다. 여행비에 대한 부담이 적을수록 여행 만족도도 높아진다. 여행의 재미를 느껴보지 못한 손님들은 여행이 다 그렇다 생각하며 싸게 잘 다녀왔다 말한다. 이런 손님들을 보면 불쌍하다 못해 어리석다는 생각이 든다. 여행사는 무조건 싸게 해야 경쟁에서 이길 수 있다는 표어 아래 기를 쓰고 서로가 싸다고 홈쇼핑이든 인터넷이든 떠들어댄다. 모두들 그 싸구려 저질 상품 때문에 힘들어한다. 보다 싼 상품을 찾는 손님이 우리나라에 계속 있는 이상 우리나라 여행 수준은 결코 올라가지 않을 것이며 이로 인한 손님의 여행 불평은 끊임없이 계속될 것이다. 수십 년 동안에 걸쳐 모든 물가는 오르고 있는데 여행 물가만큼은 거꾸로 내려가는 것이 개탄스럽다.

"20년 경력 현직 여행사 사장이 알려주는 여행 꿀팁"

9. 우리나라 여행 현실

가장 위대한 여행은 지구를 열 바퀴 도는 여행이 아니라
단 한 차례라도 자기 자신을 돌아보는 여행이다.

- 간디 -

1년 동안 힘들게 경작한 배추를 출하할 때 한 포기에 300원도 안 되는 값어치로 원가도 안 나와 농부가 한탄을 하며 밭을 갈아엎는 것을 TV에서 몇 번 본 적이 있다. 그렇게 갈아엎은 시점에서도 마트에서 배추는 여전히 비싸기만 하다. 그걸 보고 있으면 유통에 대해 잘은 모르지만 뭔가 잘못되었다는 것을 느낄 수 있다. 여행업에서도 이 같은 현상이 있다. 엄밀히 이야기하면 이와 같은 반대의 현상이 있다. 아래 몇 가지 현재 행해지고 있는 우리나라 여행패턴을 알면 즐거운 여행에 도움이 될 수 있다. 나쁘다고는 할 수 없지만 그렇다고 좋다고 할 수 없는 우리나라 여행 문화를 여행업 종사자로서 느낀 점을 적어본다.

1) 수박 겉핥기식 여행

한국인들은 해외여행 기간이 짧아 일부 여행지는 이동시간이 하루 여행의 절반이 되는 경우도 있다. 짧은 여행 일

정에 많은 것을 봐야 하기 때문이다. 그들에겐 무엇을 보고 체험해본 것보다 거기를 가본 것이 중요하기 때문이다. 심한 경우 호주를 10시간 넘게 비행기 타고 가는 4박6일 패키지여행 코스에서 항공이동, 호텔투숙, 버스 이동시간을 뺀 실제 관광지 체류시간은 4박6일 통틀어 12시간 남짓 되었다. 이 여행 상품은 싸고 짧은 기간에 호주까지 다녀올 수 있어서 홈쇼핑에서 한때 대박 상품이었다.

동네 사람들이 하나둘 모이는 장소에서 해외여행 이야기 꽃이 한창이다. 잘난 자식 자랑하듯 서로가 어느 나라 가봤냐고 물어가며 본인이 가본 나라 또는 지역을 계급장처럼 자랑한다. 그 여행지에서 무엇을 느꼈고 무엇을 했는지에 대해서는 중요한 것이 아니다. 사실 스쳐 지나갔기 때문에 기억조차 나지 않는다. 유럽 여러 나라를 여행한 마지막 날 손님들은 어느 나라에 갔었고 어느 나라에서 무엇을 보고 해봤는지 헷갈려 한다. 대부분 동남아는 5일 코스가 많다. 항공 이동을 빼면 사실상 그 나라 여행은 3일이다. 사람들은 그저 짜놓은 각본대로 움직인다. 아니 움직여준다. 먹으라 하면 먹고 하라면 하고 앉으라면 앉고 줄 서라면 줄 선다. 여행이 마치 멈추지 않는 스크린 같다. 그 장면을 놓치면 다시는 볼 수 없다. 그래서 눈에 불을 켜고 봐야 한다. 또한 여행사는 많은 것을 보여줘야 인기 있는 여행 상품이

"20년 경력 현직 여행사 사장이 알려주는 여행 꿀팁"

기 때문에 이리저리 끌고 다닌다. 우리나라로 치면 3일 안에 외국인에게 서울만 보여주는 것이 아니라 강릉 경포대도 보여줘야 하고, 경주 불국사도 보여줘야 하고, 제주도도 보여줘야 하는 것과 같다. 분위기 좋은 카페에서 한가로이 책을 읽고 앉아 있는 유럽 여행자들이 부럽다. 며칠 그들처럼 커피도 마시고 사색도 하며 쉬었다 가기를 원한다. 그래서 나는 그들처럼 그 경치 좋은 곳에서 며칠 쉬었다 가는 코스를 여행 일정에 넣어 본 적이 있다. 하지만 한국 여행객은 그들처럼 쉬질 못한다. 심심해서. 한 30분 정도 앉아 마실 것 다 마시면 십중팔구 가자고 한다. 그러면서 카페에 앉아 있으면 끊임없이 주위를 두리번거린다.

우리나라 여행패턴은 근본적으로 체험보다는 보는 것 위주로 짜놓았고 손님들이 그런 여행패턴에 물이 들어 마음이 들떠 있는 상태다. 여행 중 마음을 차분히 가라앉혀야 커피도 마시게 되고 책도 읽게 되는데 우리 여행패턴은 그렇게 못 하게 만들어놓았다. 그래서 대부분 보고 지나간다. 최대한 짧게 보고 여러 곳을 많이 보는 것이 상식화되어 있다. 지루하거나 볼 것이 없으면 재미없다. 눈으로 흥미 유발을 하지 않는 여행지는 한국 사람에게는 인기가 없다. 경주 불국사를 우리나라 사람은 한 시간 만에 다 본다. 불국사를 도는 데 5~6시간 필요하다는 외국인을 이상하게 본다. 만약 불국사를 2박3일 보라고 시간을 주면 미쳤다고 할 것이다.

이것은 우리나라 사람들의 성격 때문에 그렇다. 여행지에서 지루할 만큼 즐겨본 적이 없기 때문이다. 세계에서 가장 낙후되어 있는 나라에서 경제 대국으로 올라서기까지 지금의 기성세대들은 앞만 보고 일만 했다. 다른 것을 해 볼 수가 없었다. 취미란 단어가 사치였을 때가 있었다. 그러니 여행이란 단어조차 쓸 수 없었던 시기를 겪은 기성세대들은 여행에 대한 주관적 마인드가 없다. 그저 여행사가 짜놓은 일정을 그대로 따라 한다. 그리고 본능대로 움직인다. 이 본능은 몇십 년을 각박하고 바쁘게 살아온 기성세대들의 급함으로 발전되었다. 그래서 여행도 급하게 움직여야 하고 지루해서도 안 된다. 서구 유럽 사람들과는 정서가 다르다.

해외여행은 배를 타고 갈 수밖에 없는 구간 말고는 비행기를 이용한다. 항공사들은 많은 손님들이 자주 비행기를 이용해야 수익이 많이 남는다. 그래서 여행사와 계약을 한다. 짧은 일정으로 다녀오는 항공 왕복 코스를 시중 가격보다 싸게 요금을 준다. 손님들은 여행비가 싼 것을 찾는다. 일정이 짧으면 현지에서 들어가는 체류비도 싸다. 마지막 날 기내에서 자면서 오니까 호텔비도 안 들어 더 싸다.

"20년 경력 현직 여행사 사장이 알려주는 여행 꿀팁"

여행지에서 느낀 감동, 추억, 체험보다 가본 것이 중요하니 많은 도시를 짧은 기간에 싸게 다녀오면 된다. 삼위일체다. 항공사, 여행사, 손님 다 좋다. 그러면서 직장인들은 회사에서 휴가가 3일이라 시간이 없어서 이렇게밖에 여행을 할 수밖에 없다 말한다. 학생들은 대부분 부모를 따라 여행하기 때문에 그 기간에 맞춰진다. 노인들은 시간은 있는데 비용이 문제이다. 여행이 길면 비싸기 때문에 짧은 일정을 택한다.

우리나라 여행객이 전부 이렇게 수박 겉핥기식으로 여행하는 것은 아니다. 요즘 젊은 층에서는 여행지에서 재미를 느끼고, 감동받고, 추억을 남기기 위해 자체적으로 일정을 만들어 해외 자유여행 가는 사례들이 많아지고 있다. 그런 젊은 층이 기성세대가 된다면 우리나라 여행패턴은 완전히 바뀔 것이다. 한적한 유럽 어느 도시 한가운데서 커피를 마시고 2~3시간도 있을 것이고, 3박5일 짧은 여행 코스가 아니라 일 년 연차를 한 번에 다 써서 13박15일 여행할 것이다. 비록 지금의 패키지여행보다는 돈이 더 들고 불편하더라도 훨씬 더 여행의 재미는 있을 것이다. 불국사에 가면 대웅전에서 종교가 불교가 아니더라도 삼배를 해보는 체험도 해보고 앉아서 참선도 해보고, 밖에 있는 대나무 숲에 앉아서 바람에 흔들리는 소리를 들어본다. 그리고 스님을 뵙고 차 한잔 얻어 마시며 이런저런 삶도 이야기해본다. 약수터에 가서 시원한 물 한잔도 마시며 시간을 보낸다면 몇 시간이 지루하지 않을 것이다. 그날 불국사를 거닐며 여행 동반자와 나누었던 이야기는 평생 기억에 남을 것이다. 불국사 입구에서 장사하는 노점상 아주머니의 훈훈한 입담에 살 수밖에 없었던 번데기 맛을 잊을 수가 없을 것이다. 이렇듯 여행은 생각하면서 느끼면서 그리고 체험하면서 다녀야 한다. 당장은 아니더라도 미래에는 이런 여행이 우리나라 여행패턴이었으면 좋겠다.

2) 쇼핑과 선택관광(옵션) 하기

패키지여행에서 쇼핑과 옵션은 일정 중의 하나다. 쇼핑을 좋아하는 손님들에겐 문제가 되지 않는다. 선물을 살 수 있고 그 나라에 가서 특산품 하나 정도는 구입해서 간직하는 것도 나쁘지 않기 때문이다. 아무래도 현지에서 직접 구매하면 우리나라에서 구입하는 것보다 저렴하고 질도 좋을 수 있다. 이런 것을 보면 여행하면서 쇼핑은 정말 필요한 것이다. 이 때문에 관광지 보는 것보다 물건 사는 것을 더 좋아하는 손님도 있다. 가끔 손님들을 위해 좀 더 편하고 고급스러운 상품을 만들려고 쇼핑을 넣지 않고 일정을 만드는 경우가 있다. 이때 쇼핑이 없다고 불만을 토로

하는 손님들이 있듯 쇼핑도 여행 일정에 넣으면 좋다. 그런데 과하면 안 된다. 문제는 싼 여행 상품일수록 쇼핑이 과하다는 것이다. 쇼핑을 좋아하는 사람도 있고 싫어하는 사람도 있다. 쇼핑이 과하게 되면 좋아하는 사람도 짜증스럽지만 쇼핑을 싫어하는 사람은 아예 대놓고 불만을 토로한다. 그런 손님은 자유여행 또는 돈을 더 주고라도 쇼핑이 없거나 적은 여행 상품을 골라 가야 한다.

현지에서 추가금액을 내고 하는 선택 관광인 옵션도 마찬가지다. 기본 일정에 포함되지 않은 해볼 만한 체험을 가이드가 손님들에게 소개하고 해보는 것은 나쁘지 않다. 오히려 볼만하고 해볼 만한 것들이 있는데 아무 말 하지 않는 가이드가 나쁘다. 나중에 한국에 돌아가 남들은 다 보고 먹고 해봤는데 나만 경험하지 않은 재미있는 그 무엇을 빼먹었다면 얼마나 억울한 일인가? 파리에 가면 센강에서 배를 타고 밤의 야경과 파리 에펠탑의 황홀한 야경을 나만 못 보았다면 안타까운 일이다. 사막 투어 가서 낙타를 타보지 않았다면 이 또한 아쉬운 일이다. 이 선택관광도 쇼핑처럼 과하면 문제가 된다. 현지에서 돈을 추가로 내라면 그 어떤 손님도 좋아하지 않는다. 마사지 받고 팁 2달러씩 주라 해도 아까워하는 손님들이 여럿이다. 2,000원이 조금 넘는 어찌 보면 마트 가서 뭐 하나 제대로 살 수 없는 적은 금액인데 외국만 나가면 1달러에 벌벌 떠는 손님들이 많다. 선택관광은 적을수록 손님에게 좋지만 그렇다고 남들 다 해보는 좋은 경험을 나만 안 해볼 수는 없는 일이다.

패키지여행은 어쩔 수 없이 이런 쇼핑과 옵션이 필연적으로 있고 어느 정도는 해줘야 단체 팀 분위기도 좋아진다. 현지비용이 추가되는 이유는 이런 이유에서이다. 상품 가격이 저렴할수록 이 쇼핑과 선택관광은 많아진다. 그러다 보니 가끔 이런 패키지여행에서 모든 쇼핑과 옵션에 불만을 제기하고 빠져버리는, 맑은 물에 미꾸라지 같은 사람이 있다. 마치 몸속의 암 덩어리처럼 그 손님 때문에 즐거움이라는 생명을 죽여버린다. 남들은 다 참여하여 일정을 추가하고 싶은데 그 사람 때문에 하지 못하는 경우가 있다. 그런 사람이 같은 일행이 되면 일단 없다 생각해야 나의 여행이 순탄하다. 그렇지 않으면 나도 물들어 불만을 토로하게 되고 여행이 재미없어 지기 때문이다. 어떤 사람들에게는 옵션과 쇼핑이 부담을 주지만 자유여행에 비하면 패키지여행은 저렴하고 편하고 비교적 안전하다. 그래서 현지에 대해 잘 모르고 복잡하고 신경 쓰기 싫은 사람들이 패키지여행을 택한다.

"20년 경력 현직 여행사 사장이 알려주는 여행 꿀팁"

3) 자유여행 증가

이런 패키지여행의 단점을 잘 알고 있는 사람들이 자유여행을 많이 이용한다. 젊은 층에서 이런 자유여행에 점점 관심이 많아지고 있고 여행 시스템을 알고 있는 몇몇 중년층도 본인이 여행을 만들어 자유여행을 하고 있다. 나도 여행업에 근무하고 있지만 한 번도 내 돈을 내고 패키지여행을 가본 적이 없다. 가족여행이든 친구와의 여행이든 모두 내가 알아서 모든 것을 기획하고 일정을 만들어 해외여행을 갔다. 지금의 젊은 층이 세월이 흘러 기성세대가 될 때쯤 우리나라 여행은 자유여행이 주종을 이룰 것이다. 그렇게 되면 현재 우리나라 여행사들이 지금 여행 형태를 계속 고집한다면 망하거나 규모가 상당히 작아질 것이다. 자유여행의 대표적인 예가 배낭여행이다. 움직이기 편하기 위해 큰 배낭만 메고 여행을 하는 사람들이다. 유럽 젊은 층들이 많이 하는 여행으로 전 세계 어딜 가나 이 배낭여행 족을 만날 수 있다. 그런데 우리나라 배낭여행은 좀 개념이 다르다. 우리나라 사람들은 싸게 간다고 생각하면 배낭여행이라는 말을 자주 쓴다. 사실 싸게 가는 것은 패키지 저질 상품인데 왠지 배낭여행 하면 돈 없이 고생하는 여행이라고 생각하는 사람들이 많다. 무전여행과 비슷한 개념으로 생각하는 사람들이 있다. 이건 잘못된 생각이다.

배낭여행은 체험을 좋아하는 사람들이 여행하는 패턴이다. 예를 들면 젊은 유럽인들이 시장의 한구석에서 싼 음식을 사 먹는 것을 보고 한국 사람들은 배낭족들이 돈 아끼려고 저렇게 먹고 있다고들 말한다. 물론 그런 이유도 있겠지만 젊은 그 친구들은 먹는 데에는 돈을 쓰고 싶지 않기 때문인 이유가 더 크다. 그들은 그다음 날 체험여행을 위해 1인당 100달러 하는 체험비를 내고 하루 종일 그 프로그램에 참여한다. 그리고 그들은 우리처럼 짧은 여행이 아닌 길게는 한 달간 머문다. 거기에 아무거나 먹어도 맛있는 음식인데 굳이 비싼 돈을 주고 음식을 사 먹지 않는다. 어쩌면 그들이 우리를 볼 때 획일적이고 짧은 여행 스케줄에 우리나라 여행객들을 불쌍하게 생각할 수도 있다.

여행은 우리와 다른 모든 것을 체험해보고 느껴봄으로써 재미와 기쁨, 감동을 가져가는 것이다. 이것을 제대로 해볼 수 있는 것이 짧게 다녀오는 패키지여행보다는 시간이 더 길고 다소 힘들고 비용이 좀 더 들더라도 자유여행이 좋지 않을까. 이웃 나라인 일본도 자유여행이 엄청 많아졌고 이제 전 세계 어딜 가나 일본인 자유여행객을 많이 볼 수 있다. 자유여행이 활성화되면 패키지여행은 나이가 있고 누군가의 안내와 보호를 받아야만 마음이 편한 효도관광으로써의 역할로 자리를 잡을 것이다. 여행사도 그 자세를 바꿔야 한다. 어쩌면 여행사가 할 본연의 자세다. 고객들이 여행에 도움이 될 만한 자료들과 정보들을 제공하고 이들에게 맞는 여행 상품을 지역별로 안내하여야 한다. 그리고 전 세계에 있는 가이드들도 손님들을 봉으로 생각하는 장사꾼의 역할이 아닌 정말 여행객을 안내하는 가이드 역할을 해야 한다. 어쩌면 이건 가이드도 정말 원하는 바일 것이다. 나도 젊은 시절 가이드로 내 인생을 걸려고 했을 때 마음은 영화에서처럼 멋진 가이드였다. 하지만 몇 년을 가이드 하면서 느낀 것은 그건 영화에서나 가능한 이야기라는 사실을 알게 되었다. 물론 전 세계에 있는 한국 가이드에 전부 해당되지는 않는다. 대다수의 가이드들이 정말 가이드만을 하고 싶어 하고 그 대가로 돈을 벌고 싶어 한다. 현지 여행지 설명을 하고 손님들이 가이드 말에 감탄과 감동을 하며 눈물을 흘린다. 그런 가이드 직업이 자랑스럽다. 이런 가이드를 꿈꾸는 친구들이 여럿 있을 것이다. 그들에게 말하고 싶다. 그건 꿈이라고.

왜 사람들이 패키지여행을 택하지 않고 자유여행을 택할까? 그것은 캠핑족이 좋은 숙박시설과 식당을 놔두고 고가의 캠핑 장비를 사서 굳이 불편한 산속에 텐트를 치고 음식을 해 먹는 이유와 비슷하다. 그런 캠핑이 더 재미있기 때문이다. 그렇게 안 해본 사람들은 벌레도 많고 제대로 씻지도 못하고 힘들게 밥하고 설거지하고 비용도 더 많이 드는 캠핑을 이해 못 한다. 동전의 앞뒷면처럼 한 가지가 좋으면 한 가지가 나쁠 수 있다. 자유여행이든 패키지여행이든 내가 왜 이 여행을 하고 있는가? 여행의 근본적인 목적에 초점을 맞춰야 한다. 여행은 무조건 재미있어야 한다.

Part 4

여행
에피소드

1. 나의 첫 손님

지금 이 시기가 여행하기 가장 적합한 시기이다.

- 김물길 -

역마살이 껴서 마냥 떠나는 것이 좋았다. 새로운 환경이 좋았다. 뭔가에 집중하며 하루 종일 PC 앞에 앉아 있는 것이 싫었다. 좁은 공간에서 기계의 부속품이 되어 살아가는 것이 싫었다. 내가 좋아하는 일을 하며 살고 싶었다. 그래서 여행사를 택했다. 언제든 마음만 먹으면 떠날 수 있었고, 끊임없이 몸을 움직이며 새로운 환경과 접할 수 있는 활동 무대가 전 세계여서 여행사 직원이 되었다. 그렇게 어렵지 않게 여행사에 취직하여 처음으로 시작한 일이 가이드였다. 우리나라 IMF 시절 나라 경제가 땅으로 꺼져가고 있을 때 나는 희망찬 마음으로 가이드를 하려고 태국 푸켓으로 건너

갔다. 한때 잘나갔던 몇 명 안 되는 가이드들도 손님이 더 이상 오지 않는다며 사표를 내고 한국으로 철수하고 있었다. 그때 나는 푸켓에서 가이드 생활을 시작했다. IMF 여파로 3개월을 장기 관광객처럼 보내고 있던 어느 날 처음으로 나에게 손님이 배정되었다. 신혼부부 1쌍이었다. 봉고차에 현지인 기사, 현지인 씨팅가이드, 그리고 한국인 가이드인 나와 손님 2명 해서 스텝이 손님보다 더 많은 총 5명이 한 팀을 이루어 3박4일을 다녔다. 가이드는 현지 설명뿐 아니라 분위기 메이커가 되어야 하는데 무슨 말을 어떻게 꺼내야 할지 몰랐다. 오히려 손님이 가이드에게 말을 시키고 있었다. 내 기억으로는 네, 아니요로만 대답한 것 같다. "푸켓은 씨푸드가 유명하죠?" "네." "서양 사람들이 많네요!" "네." "결혼하셨나요?" "아니요." 지금 생각해보면 그 허니문 손님들에게 너무 미안하고 기본지식도 제대로 갖추지 못한 채 손님을 응대한 나에게 부끄럽기까지 하다. 시간이 지날수록 어색함이 없어지고 신랑은 오히려 이웃집 형 같다는 생각이 들면서 가이드와 상관없이 그냥 형처럼 누나처럼 그들을 상대했다. 그러니 자연스레 계약관계에서 혈연관계로 겉모습이 변했다. 쇼를 볼 때도 되도록 잘 보이는 자리에 앉으려고 뛰어가 먼저 자리를 맡아주었고, 좀 더 시원한 야자수를 먹게 하려고 먼 곳까지 가서 얼음물에 담가둔 야자수를 사다 주었다. 신부가 카누에서 떨어져 물에 빠졌을 때도 신랑보다 먼저 물에 뛰어 들어가 신부에게 튜브를 건넸다. 이런 나의 행동들을 그들이 마지막 날까지 지켜보면서 감동했다는 말과 함께 컵라면과 고추장을 나에게 건네주었다. 비록 그들에게는 남는 것을 준 것일지라도 나에게 그 고추장과 컵라면은 어디에서도 구입할 수 없는 귀중한 그 선물이었다. 내가 잘한 것 없이 버벅거리기만 했는데 그들이 왜 감동했다고 했을까? 아무리 생각해도 내가 한 것이라곤 가식 없이 그들을 대해준 것뿐이었고 나머지는 여느 가이드보다 실수가 많았다. 기사와 말이 잘 안 통해 10분 거리를 20분 돌아갔고, 젖지 않은 구명조끼를 어디서 가져와야 되는지 몰라서 남이 입던 젖은 구명조끼를 입혔다. 또한 몇 번씩 물어보는 질문에 대답도 제대로 하지 못했다. 그 손님들은 나를 가이드로 생각하지 않고 동생으로 생각한 것이었을까? 아니면 서툰 나의 가이드 역할에 기대를 하지 않은 걸까? 그런데 지금 생각해보면 그때처럼만 지금도 손님을 모신다면 아마 여행에 불만이 있는 손님들이 한 명도 없을 것이다. 여행사 생활 20년이 넘은 지금 그때의 나를 생각하면 정말 진심으로 잘했던 것 같다. 그때는 뭔가가 한참 부족한 가이드라 생각했는데 지금 생각하면 불만제로 가이드였다. 전 세계 여러 나라에 가서 가이드들을 만나지만 예전 내가 초창기에 가이드 했던 그런 모습들은 찾아보기 어렵다. 아마 그들도 처음에는 나처럼 진심과 성의로 손님을 대했다가 그것이 기술적이고 식상하고 또 융통성 있게 변모했을 것이다. 그래야 현실정의 가이드로 살아남을 수 있으니 말이다. 손님에게는 애석한 부분이기도 하다. 누군가 혹 가이드를 꿈꾼다면 현지 설명과 그 나라 언어, 쇼핑, 옵션을 잘하는 법을 먼저 배우지 말고 손님을 진심으로 대하는 방법부터 먼저 배우라 말하고 싶다. 그리고 그것을 계속 지켜나가라 말하고 싶다. 그러면 나머지 것들은 자연스레 따라오게 된다. 내 진심을 알고 있는 손님에게 최선을 다해 서비스를 해준다면 만족도는 엄청 높을 것이다. 생각해보면 초창기 나의 가이드 시절 진심을 다한 모습을 지금 나에게서 거의 찾아볼 수가 없다. 그렇다고 가식으로 손님을 대하는 것은 아니지만 그때의 열정만큼 내 진심이 커져 있지 않다. 귀찮으면 없다 하고 돈이 안 되면 안 가는 지금의 내가 가끔 부끄럽고 그런 나를 믿고 연락해주는 단골손님들에게 사기를 치고 있는 것 같기도 하다. 가이드가 외국 생활에서 제일 조심해야 할 것이 타성에 젖어 나오는 나태함과 유흥이다. 그래서 선배들은 마음이 흐트러지지 않게 가이드 초기에 군대식으로 엄격히 신입 가이드들을 단련시켰다. 버틸 수 없으면 한국으로 일찌감치 철수시키는 것이 그들의 임무였다. 함께 놀러 간 무인도에 서조차도 신입들에게 머리박기를 시켜 엄격히 초심을 잃지 않도록 한 것이 기억난다. 처음엔 사회생활에서 머리박기를 시키는 말도 안 되는 이유로 당장 그만두고 한국으로 돌아

"20년 경력 현직 여행사 사장이 알려주는 여행 꿀팁"

갈 생각까지 했다. 그런데 1년 정도 지나고서야 그 비참한 가르침이 가이드 생활 1년 안에 찾아오는 향수병, 타성 같은 마음의 역경을 수월하게 헤쳐 나갈 수 있는 원동력이 되었다는 것을 알았다. 만약 그때 못 참고 한국에 돌아갔다면 나는 지금 여행업이 아닌 다른 일을 하고 있을 것이다. 그 첫 손님들을 그렇게 보내고 숙소에 와서 손님에게서 받은 귀한 컵라면에 물을 붓고 고추장을 반찬 삼아 먹고 있는데 얼굴에서 뭔가가 컵라면에 떨어지고 있었다. 나의 눈물이었다. 그 컵라면이 한동안 참았던 울음보를 터지게 만들었다. 공항에서 한국으로 돌아가는 손님 뒷모습을 보며 예쁜 여자 친구와 부모님이 있는 한국에 나도 가고 싶다 생각을 했었는데 아마 그것 때문이었던 것 같다. 아니면 눈물 날 정도로 컵라면이 맛있었던지 그것도 아니면 외국생활의 외로움 때문이었을 것이다. 아직도 조그만 원룸 바닥에 신문지를 깔고 그 컵라면을 먹던 내 모습이 머릿속에 캡처되어 있다. 나의 첫 손님은 지금 아들, 딸 낳고 잘 살고 있겠지? 벌써 애들이 20살이 되었겠네. 혹 신혼여행 때 그 가이드가 너무 좋아서 결혼 10주년 때 또 푸켓을 자식들과 함께 찾아간 것은 아닐까? 어제 탄 지하철 내 옆자리에 그 신랑이 앉았던 것은 아닐까? 그 부부의 신혼여행 기억에 열정적이고 잘생긴 나의 29살 청년의 모습이 함께 있다는 것이 행복하다.

2. 무당들과 함께한 4일

여행은 우리가 사는 장소를 바꿔주는 것이 아니라, 우리의 생
각과 편견을 바꿔주는 것이다.
- 아나톨 -

태국 방콕에서 가이드를 하고 있을 때 일이다. 2001년
막 결혼해서 방콕에서 아내와 함께 살고 있었다. 중년부부
10쌍이 태국, 파타야 3박5일 일정으로 왔는데 처음에는 그
냥 일반 팀과 다름없는 여자의 기가 좀 세다 싶은 팀이었
다. 첫날은 공항에 늦게 도착하여 곧바로 호텔로 이동하여
다음 날 아침에 만나기로 하고 손님과 헤어졌다. 그리고
다음 날 아침 손님들 미팅시간보다 30분 일찍 호텔에 도착
하였는데 손님들이 미리 호텔 로비에 초췌한 모습으로 나
와 있었다. 일반 팀들은 출발이 임박해서 나오든가 늦게
나오는 것이 보통인데 이 팀은 벌써부터 나와 있었다. 그
러면서 여자들이 이구동성으로 하는 말 "시끄러워서 잠을
한잠도 못 잤어요!" 이 호텔은 시내 외곽 산 밑에 있어서
조용한 호텔인데 시끄러워서 잠을 못 잤다는 말이 이해가
가지 않는다고 생각했을 찰나에 어느 한 여자분이 "여기!
귀신이 너무 많아요! 밤새 그 귀신들이 소리 질러서 한잠도
못 잤어요! 오늘 밤에는 시끄러운 영혼을 달래줘야 하니 과

일하고 상에 올릴 먹을 것 좀 준비해줘요!"라고 하는 것이 아닌가! 소름이 돋는 말이었다. 전에 선배 가이드들이 원래 그 호텔이 귀신 나오는 호텔로 유명하단 얘기는 들었는데 설마 그럴 줄이야! 태국은 유달리 다른 나라에 비해 귀신이 많다는 얘기도 들었었던 것 같다. 그 이후로 나는 그들이 여자 무당들 모임이라는 것을 알게 되었다. 1년에 한 번씩 천안의 어느 기도처에서 같이 기도하는 모임이란다. 그 말을 듣고 왠지 나는 무서워지기 시작했다. 그동안 내가 잘못한 일들을 모두 알 것만 같았다. 가이드를 재미있게 하려면 거짓말도 조금 섞어서 해야 되는데 왠지 내 마음을 읽고 있어서 거짓말했다간 내 몸에 귀신 들게 할 것만 같았다. 그 순간부터 나는 완전 동심의 마음으로 그들을 거짓 없이 상대했다. 혹 그들의 비위를 거스르게 하면 악한 주문을 외워 나를 미치게 하든가 매일 밤 악몽을 꾸게 만들어 피를 말릴 수도 있지 않을까? 그렇게 3일을 보내고 마지막 날 아침에 한 여자분이 눈물을 글썽이며 나에게 말했다. "그동안 마음고생 많이 했네! 어떻게 참아왔어? 이제부터는 잘될 거니 걱정 말고 잘 살아! 그리고 한국 가서 살게 될 팔자야!" 하며 나를 다독였다. 나의 개인적인 이야기는 한마디도 안 했는데 모두 알고 있다는 듯이 말했다. 사실 나는 푸켓에서 가이드 하다가 불미스러운 일로 방콕에 올라와 가이드를 하고 있던 상태였다. 그래서 마음이 되게 안 좋았을 때이기도 했다. 그런데 희한하게 그들이 다녀가고 정확히 3개월 후 우리 부부는 태국 생활을 정리하고 한국으로 갔다. 그 여자분의 말을 듣고 그렇게 한 것도 아닌데. 그렇게 우리는 그 어떤 여행 팀보다도 친해졌고 마지막 날 저녁에는 우리 부부가 사는 집까지 그들을 초대했다. 가이드 생활 5년 동안 손님을 집으로 초대한 것은 그들이 처음이자 마지막이었다. 그들을 공항에서 보내고 문득 생각한 것이 있었다. 무당도 일반인과 똑같구나. 다를 것이 없구나. 그들을 상대하기 전까지는 무당은 왠지 무섭고 일반 사람과 다르고 귀신같은 사람이라고 생각했다. 그런데 그들은 신이 몸으로 들어왔을 때만 다를 뿐이지 그들도 재미난 것에 웃고, 안 좋은 것에 화를 내고, 수영도 잘 못하고, 밥도 잘 먹었다.

우리 사회는 평범하지 않으면 특별하다는 논리로 획일적으로 누구나 다 나처럼 그래야 된다는 강박관념이 머릿속에 있다. 그래서 나와 같지 않으면 이상한 사람이 되고 만다. 쇼는 무조건 재미있어야 하고 여행지는 무조건 볼만해야 한다는 사실이 가끔 실망으로 이어질 때가 있다. 내가 별로인 여행지가 다른 사람에게는 감동의 여행지가 될 수도 있고, 재미없는 쇼를 보고 있는 내 옆자리에서는 눈물을 흘리며 쇼를 보고 있을 수 있다는 것을 모른다. 그들은 나쁜 일로 불안해하는 일반 사람들의 마음을 좋게 다스려 준다. 또한 앞으로 어떻게 해야 할지 모르는 사람들에게 삶의 방향을 긍정적으로 제시해줄 수 있다. 어쩌면 학교 선생님 같다는 생각을 그때 했다. 그들은 그 누구보다 더 순수했고 그 누구보다 진실했다. 일이 잘 풀리지 않은 사람들이 점을 보러 가면 결국 좋은 쪽으로 유도하고 좋은 일이 일어나도록 뭔가를 해주는 그들도 우리와 같은 일반인임에 틀림없다. 만약 다시 한번 그들과 함께 여행을 한다면 꼭 물어보고 싶은 말이 있다.

"귀신도 무서워하는 것이 있나요?"

3. 눈물 났던 여행

소중한 것을 깨닫는 장소는 컴퓨터가 아니라,
파란 하늘 아래였다.
- 다카하시 아유무 -

여행은 항상, 언제나, 늘, 꼭 좋지만은 않다. 가끔 잘못 들어선 지름길처럼 빠르게 가려다 오히려 돌아가는 것과 같이 즐거움을 위해 찾아간 여행이 낭패가 돼서 돌아오는 경우가 있다. 17명의 손님들을 모시고 아프리카 5개국을 17일 동안 인솔자로 다녀왔었던 때가 있었다. 2013년 가을이었다. 나도 처음 가는 터라 출발 며칠 전부터 TV 동물의 왕국에서만 보던 동물들을 본다는 생각에 초원을 달리는 얼룩말처럼 가슴이 뛰었다. 아프리카에만 가면 동물들이 그냥 여기저기 형형색색 빨래처럼 널려 있는 줄만 알았다. 하지만 실상은 그렇지 않았다. 우리나라 동물원처럼 국립 공원에 가야만 동물들을 볼 수 있었다. 대표적 국립공원이 마사이마라, 세렝게티였는데 계절마다 동물들이 이 두 지역을 옮겨 다닌다.

우리는 마사이마라 국립공원에 가서 며칠을 '빅5'라고 하는 표범, 사자, 버팔로, 코뿔소, 코끼리를 보는 재미에 빠졌다. 처음 도착해서는 산에서 산삼을 찾은 양 얼룩말과 하마 앞에서 사진 찍고 한참을 감상했다. 그런데 나중에는 워낙 국립공원에 얼룩말과 하마가 많다 보니 우리나라에서 보는 비둘기 같은 존재가 되었다. 국립공원 안에서는 아프리카를 상징하는 대표적인 동물로 흔히 볼 수 없는 빅5 동물들을 찾아다니는 것이 재미있었다. 과거에는 이 빅5가 사냥감으로 수난을 겪기도 했다. 초원 한가운데 있는 호텔을 잡아 해가 질 때 저 건너편의 기린 사이로 해가 넘어가는 풍경을 저녁식사와 함께 볼 때는 영화의 한 장면이었다. 그렇게 16일을 여러 나라를 돌아다니며 영원히 잊히지 않을 장면들을 머릿속에 차곡차곡 쌓았다. 그리고 한국행 비행기를 타려고 공항으로 갔다. 그런데 이게 웬일인가? 분명 자리 확약까지 받은 우리 좌석이 없단다. 이미 다른 사람들이 그 자리를 차지했단다. 항공사들은 예약을 받을 때 취소되는 인원을 감안하여 예약 손님이 많을 때는 정해진 자릿수보다 조금 더 예약 받는다. 그런데 이날은 그 예약한 손님들이 취소를 좀처럼 하지 않고 전원 체크인을 한 것이다. 그러면 자리가 없는 손님들에게 항공사들은 더 좋은 비즈니스 자리를 제공한다. 만약 비즈니스 자리도 꽉 차면 가장 저렴한 자리부터 강제 캔슬을 하고 그 손님들에게 다음 날 가도록 항공편을 제공한다. 대신 좋은 호텔과 식사를 제공한다. 우리가 그에 해당되는 케이스이었다. 결항으로 하루 늦게 비행기를 타고 간 적은 있어도 이런 경우는 처음이었다. 손님들께 사정 이야기를 하고 다음 날 가자고 설득을 할 수밖에 없었다. 이런 팀은 우리뿐만 아니라 유럽에서 온 단체 한 팀도 우리와 같은 처지가 되었다. 그날 가지 못하고 근처 5성급 호텔에 그 유럽 팀과 함께 투숙을 하고 그날 저녁 호텔에서 만찬 아닌 만찬을 그 유럽 팀과 함께 하면서 분위기는 그런대로 괜찮았다. 마음을 좋게 하니 하루 늦게 가는 것도 시간만 허락해준다면 나쁘지 않았다. 손님들도 크게 불편해하지 않았다. 그렇게 하루를 보내고 다음 날 공항에 갔다. 공항 직원이 제일 먼저 우리 팀을 체크인 해주어 보딩 패스를 한 장씩 받았다. 그리고 오랜 시간 게이트 앞에서 기다렸다. 한국에 제때에 가지 못한 아쉬움과 한국을 간다는 기쁨으로 있었다. 가까운 중국이나 일본에서 이런 일이 일어났으면 마음이 조금 덜할 텐데 지구의 반대편에서 한국을 가지 못해 마음이 더욱 불편하였다. 탑승 시간이 되어 보딩 패스를 체크하는 직원에게 내밀고 그 직원이 인식 기계에 바코드를 대는 순간 '삑~' 하는 소리가 나는 것이 아닌가! 이건 뭔가 잘못되었을 때 나는 소리인데! 나뿐만 아니라 우리 팀 모두가 그런 소리가 났다. 공항 직원들은 우리를 따로 대기하게 하고 기내로 들어가지 못하게 하였다. 보딩 패스가 있는데

"20년 경력 현직 여행사 사장이 알려주는 여행 꿀팁"

탑승을 하지 못한 경우는 내 여행사 생활에 한 번도 없었기 때문에 나는 바코드에 문제가 있어서 그런 거라 확신했고 손님들에게 그 상황을 설명해주었다. 그런데 이게 웬일인가! 우리가 앉을 자리에 이미 다른 사람이 앉아서 안 된다는 것이다. 말도 안 되는 상황이었다. 순간 어제 잠시 정신 나가서 보았던 노란 하늘이 또 보였다. 그러면 어떻게 하느냐고 항공사 직원에게 물었더니 일단 남아 있는 다른 자리에 8명 탈 수 있고 나머지 인원은 내일 가란다. 말이라도 잘 통하면 강하게 항변할 텐데. 유창하지도 못한 나의 영어 실력으로 따지려니 도무지 힘들었다. 진정으로 영어를 잘하는 사람은 화날 때 자기 감정표현과 의사전달을 잘할 줄 아는 사람이라는 것을 그때 알았다. 말은 잘 안 통하지! 비행기는 출발하려고 하지! 몇 명이라도 타라고 하지! 그 순간 '어쩔 줄 모른다'는 표현이 이때 나왔다는 것도 알았다. 큰소리로 항의도 해보고 비행기 타려고 안으로 들어가려고 시도도 해보았다. 모든 것이 허사였다. 할 수 없이 일행 중 급한 용무가 있는 8명을 선발할 수밖에 없었다. 어찌할 줄 모르는 일행들은 서로 울고 있었다. 나도 울었다. 그냥 눈물이 났다. 서로 안고 울고불고 마치 이산가족이 되는 양 먼저 가는 사람들을 그렇게 울면서 떠나보냈다. 남아 있는 9명을 모시고 다시 호텔로 돌아왔다. 대사관에 전화를 걸었더니 하루 더 기다려보란다. 어제는 즐겁게 보냈는데 오늘은 침울하게 하루를 보냈다. 그리고 다음 날 또 못 갈까 싶어 공항에 아침 일찍 갔다. 그랬더니 우리가 타고 갈 비행기가 아닌 싱가포르를 경유하는 싱가포르 항공으로 우리를 안내했다. 몇 명은 비즈니스 자리를 내주어 타고 왔다. 그렇게 여행을 다녀와서 항공사에서는 제주도 왕복 항공권 제공으로 보상을 마무리를 하였다. 가까운 나라였다면 좀 위안이 되었을까? 같은 아시아였다면 좀 덜 무서웠을까? 그날 이후 지금까지도 비행기 탈 때마다 혹 문제가 생기지 않을까 하는 불안감이 생겼다.

여행은 살 물건을 미리 보고 또는 맛을 보고 사는 것이 아니다. 그냥 종이 몇 장으로 몇백만 원짜리 여행 상품을 판매한다. 여행사를 믿고 사람을 믿는 것뿐이다. 믿지 않으면 여행을 할 수가 없다. 항공사를 믿고, 가이드를 믿고, 호텔을 믿고 모든 앞으로 벌어질 일들에 대해서 약속한 대로 잘해줄 거라 생각하고 믿고 하는 것이 여행이다. 그런데 그때 믿음이 깨졌다. 손님은 우리 여행사에 대한 믿음이 깨졌고 여행사는 그 항공사에 대한 믿음이 깨졌다. 지금도 그 손님들과는 연락이 되지 않는다. 그리고 우리는 그 항공사와 다시는 거래를 하지 않는다. 그 믿음이 깨졌기 때문이다. 세상을 살면서 믿음이 인생을 바꾸어놓을 수도 있

"20년 경력 현직 여행사 사장이 알려주는 여행 꿀팁"

다 생각한다. 사람의 몸은 배가 고프면 뭔가를 먹어야 하듯 사람과 사람 사이에는 이 믿음이 서로 채워져야 교류가 가능하다. 사랑하는 사람에 대한 믿음, 가족에 대한 믿음, 회사 직원들 간의 믿음, 이 믿음이 사회를 지탱하는 가장 큰 요소가 아닐까! 지금 나의 단골손님들은 나에 대한 믿음으로 연락을 해서 여행 예약을 한다. 나는 또 그 믿음이 깨지지 않게 하려고 최선을 다해 그 믿음에 보답하려 노력하고 있다. 예전의 그런 악몽은 한 번이면 족하기 때문이다.

4. 오지여행

여행은 경치를 보는 것 이상이다. 여행은 깊고 변함없이 흘러
가는 생활에 대한 생각의 변화이다.

- 미리엄 브래드 -

오지라 함은 일반적으로 사람들이 가지 않는 곳! 또는 문
명의 혜택을 받지 않은 곳 정도로 표현할 수 있다. 아프리
카, 남미, 유럽 등 많은 나라들을 가보았지만 내 여행 인생
에서 오지는 부탄이다. 지금도 부탄에서는 1년 관광객 숫
자를 정해놓고 그 인원만 비자를 내주고 있다. 그래서 우
리나라 사람이 많이 가보지 않은 나라로 손꼽히는 부탄은
내가 처음 갔던 2007년도는 한국 사람을 신기하게 쳐다보
던 때였다. 한국 사람 봤다고 현지인 주민이 사진도 같이
찍자고 했던 때이다. 수도에 유일하게 신호등이 없는 나라
로 유명하고 행복지수 1위 국가로도 유명한 나라 부탄은
비행기 착륙부터가 어려웠다. 산허리를 아슬아슬하게 몇
개 넘으면 조그만 활주로가 나왔다. 공항에 도착하면 여권
심사대가 나오는데 책상에 컴퓨터가 없었다. 그냥 수기로
공책에 인적사항을 작성하고 여권에 도장을 찍어주는 것이
인상적이었다. 거의 모든 사람들이 부탄 전통 복장을 입었
다. 우리로 말하자면 모두 한복을 입고 있었다. 부탄은 산

"20년 경력 현직 여행사 사장이 알려주는 여행 꿀팁"

악지대로 히말라야산맥을 안고 있어서 많은 도로가 산허리를 깎아 만들어 좁았다. 그래서 45인승 버스가 없다. 가장 큰 버스가 25인승인데 해발 2,000미터 이상의 도시라 여름인데도 선선했다. 버스에도 에어컨이 없었고 창문을 열고 달리면 깨끗한 청정 공기가 콧속으로 시원하게 들어와 오염된 나의 몸을 정화시켰다. 부탄 호텔은 논 한가운데에도 있고 산속에 있는 호텔들도 있다. 통사라는 지역에 있는 한 호텔은 버스도 호텔까지 못 올라갈 정도로 깊은 산속에 있었다. 저녁을 먹고 방으로 올라가려는데 가이드가 주의 사항이 있다며 우리를 불러 모았다. "밤에는 호랑이가 나올 수 있으니 절대 방 밖으로 나오지 마세요!" 처음엔 농담인 줄 알았다. 요즘 시대에 무슨 호랑이가 있어 하며 농담인 줄 알았더니 호텔 직원이 말하길 며칠 전에 근처 농가에 호랑이가 나와서 송아지를 잡아먹었단다. 그 말을 듣고 모두 겁에 질려 했고 곶감을 안 가져온 것을 후회하였다. 우리나라 호랑이는 곶감 주면 사람 안 잡아먹는데.

부탄은 담배를 공식적으로 판매하지 않았다. 담배를 마치 대마초같이 생각하고 있었다. 세계 유일의 금연국가다. 논 한가운데 있는 호텔에 손님을 투숙시키고 저녁 시간이 여유 있어 현지 가이드가 술 한잔하자 해서 따라 나섰던 기억이 난다. 가이드가 한국말을 못 해 서툰 영어를 주고

받으며 식당에서 간단하게 맥주 한잔을 하고 있는데 어떤 부탄 아가씨가 왔다. 가이드가 하는 말이 나와 친구가 될 것 같아 소개를 시켜주려고 일부러 불렀단다. 나는 결혼을 해서 여자 친구는 안 된다 했더니 괜찮다고 했다. 자기도 부인이 2명이라며. 웃지 못할 상황으로 얼떨결에 그 부탄 아가씨를 소개받고 가이드는 우리 둘을 위해 조용한 분위기 좋은 곳으로 안내했다. 분위기 좋은 근사한 레스토랑이나 라이브카페를 생각하고 따라갔더니 큰 시냇물이 산골짜기에서 흐르고 밤하늘의 별이 훤히 보이는 산언덕 전망대 같은 곳이었다. 사람이라곤 우리밖에 없었다. 기대와는 달랐지만 나는 아직도 그때 그 순간을 잊을 수가 없다. 그 아가씨와 함께 있어서 그런 것도 있었겠지만 밤을 밝히려고 만들어낸 인위적인 조명이 없었고 대신 밝은 보름달이 낮처럼 훤해 주위를 밝히고 있었다. 그 보름달과 별빛 그리고 시냇물에 비친 달의 모습과 시냇물이 뿜어내는 소리가 어디서든 경험할 수 없는 그야말로 영화의 한 장면이었다. 그 자연이 만들어준 낮같이 밝은 밤에 그 아가씨는 담배를 한 대 피웠다. 금연국가라 하더라도 몇몇 젊은 사람들은 담배를 몰래 피운단다. 할 말도 없고 언어도 잘 통하지 않은 우리의 데이트는 얼굴만 멀뚱멀뚱 쳐다보다 인연은 그렇게 끝이 났다. 지금 생각해보면 정말 웃긴 장면이었다.

"20년 경력 현직 여행사 사장이 알려주는 여행 꿀팁"

또 한번은 가이드가 여행 마지막 날 불타는 밤을 보내자며 나에게 부탄 나이트클럽을 가자고 제안해서 따라 나섰다. 그런데 이게 웬걸! 나이트클럽 같은 분위기가 전혀 아니었다. 그냥 큰 음악소리가 나는 식당 정도? 현란한 네온사인 대신에 큰 형광등이 그 식당을 환하게 밝히고 있었고 섹시하고 매력적인 젊은이 대신에 전통복장 입은 양반들이 있었다. 그나마 나이트클럽을 연상케 한 것이 큰 음악소리였다. 그 음악에 맞춰 몇몇 젊은이들이 밝은 형광등 아래에서 전통복장을 입고 몸을 흔들고 있는 것이 유일한 클럽 분위기였다. 우리나라 젊은이의 정서로 보면 웃긴 장면이었다. 나더러 같이 춤을 추자고 하는데 도무지 자리를 일어날 수 없는 상황이었다. 왜냐하면 현지인들이 전부 부탄 전통복을 입고 나만 쳐다보고 있었기 때문이었다. 외국 사람은 나밖에 없었다. 그때 신기하게 나를 쳐다보는 그들 얼굴 속에서 순수함을 보았다. 음악소리 하나에 저렇게 즐거울 수 있구나! 왜 세계 행복지수 1위라 말하는지 알 것만 같았다. 문명의 혜택에서 좀 떨어져 살아도 그들에게서 불편함을 찾아볼 수 없었다. 오히려 순수함을 지닌 채 자연과 함께 살아가는 모습이 부럽기까지 했다. 한국으로 돌아가는 날 마치 고향집 왔다 가는 것처럼 마음이 편하고 좋았다. 모시고 온 손님들도 행복해하며 다음에 또 오기를 기약했다. 이런 삶에는 스트레스도 없을 거야! 나도 여기 살고 싶다. 그들을 보고 있노라면 행복은 결코 물질과 문명의 혜택, 편안함과 관계가 없다는 것을 알 수 있다. 남을 의식해 매일 어떤 옷을 입어야 멋있어 보일까 걱정 안 해도 된다. 다양한 맛을 내는 인스턴트 음식이 없다고 불평하지 않는다. 오히려 더 건강하다. 하루를 TV와 SNS에 빠져 살지도 않아도 그들의 하루는 우리보다 더 재미있고 의미 있는 하루를 보내고 있었다.

어떠한 환경에서도 만족하고 살면 그 삶 속에서 행복함과 만족감이 찾아오지 않을까? 그들을 우리가 생각하는 로맨틱한 레스토랑이나 휘황찬란한 클럽으로 안내한다 해도 결코 우리를 부러워한다든가 우리의 삶을 동경하지 않을 것이다. 이미 헤어날 수 없는 깊은 수렁으로 빠져버린 문명적이고 이기적인 삶을 살고 있는 우리보다 그들이 더 고차원적인 삶을 살고 있는지 모르겠다. 지금도 가끔 부탄을 생각하면 달빛을 안고 있는 시냇물과 기도시간이 되면 어디서든 경전을 꺼내 읽던 현지 가이드가 생각난다.

"20년 경력 현직 여행사 사장이 알려주는 여행 꿀팁"

5. 내 인생 가장 재미있었던 여행

여행은 목적지로 향하는 과정이지만,
그 자체로 보상이다.

- 스티브 잡스 -

누구나 잊지 못할 순간을 기억하고 있다. 복권 1등에 당첨 돼서 펄쩍펄쩍 뛰고 있는데 옆에 있는 아내가 복권이 지난주 거라고 말하는 순간이 그럴 수 있고 사랑하는 내 아이가 태어나는 순간이 그럴 수 있다. 그런 순간은 악몽보다는 기쁜 일에 더 많다. 나도 손님들과 여행을 하면서 잊지 못할 영화의 한 장면 같은 순간들이 여러 번 있었다. 남미 이구아수폭포 바로 옆에 서서 물에 옷이 다 젖었던 순간에 질렀던 환호성! 처음 스쿠버다이빙 할 때 바닷속 거대 수족관을 보고 감동한 순간! 비행기 터블런스로 몸이 의자 위로 떴다 내렸다 할 때 공포의 순간! 이 모든 기억들이 아직도 생생하게 머릿속에 남아 있다. 이런 순간과 찰나는 잠시 느끼는 것이지만 한시도 눈을 떼지 못하는 재미있는 영화처럼 여행 내내 재미있었던 적도 있었다. 2011년 중국 실크로드를 9일 일정으로 간 여행이 그랬다. 우루무치에서 돈황까지 둘러보는 코스인데 손님은 사찰 스님과 신도 그리고 나까지 총 9명이었다. 지금도 누군가 가장 재미있었던 여행을 물어보면 단연코 나는 이 여행을 이야기한다. 여행지가 좋아서라기보다 그때의 분위기와 여행지가 이 팀과 잘 맞았다는 것이 더 맞을 것 같다. 왜냐하면 나는 이후에 몇몇 팀을 모시고 동일한 코스로 여행을 해봤지만 그때와 같은 재미있는 상황과 분위기가 연출되지 않았다. 심지어는 그때 함께 했던 스님도 너무 좋았다며 다시 한번 가자고 해서 2018년에 동일한 코스로 다녀왔는데 처음 갔었던 그런 재미있는 상황과 분위기는 연출되지 않았다. 하루를 자야 하는 야간 기차에서 지루하다며 스님께서 목탁을 반주기 삼아 신도를 위해 노래를 부르셨던 밤, 우리가 탄 기차가 좋니 싫니 하는데 저 건너편에 증기 기관차가 달리는 모습을 보고 우리 기차가 훨씬 좋다며 모두가 그 우연의 일치의 순간에 깔깔 웃던 순간, 고기라곤 통 못 먹는 스님 앞에 양고기, 말고기, 악어 고기 등 매일 다른 고기반찬이 나와 우리가 미안했던 일, 가이드가 아기공룡 둘리 닮았다고 가이드 이름을 둘리로 붙여 부르던 일, 2018년에도 그 둘리 가이드를 섭외하려고 했으나 끝내 찾지 못했다. 사막 한가운데 도시에서 바람이 불어 그날 오후 일정을 모두 취소했던 일 등등 많은 일들이 웃음으로 시작해서 웃음으로 끝났다. 어쩌면 다른 팀에서도 일어날 수 있는 흔한 일들이 그때의 그 팀에서는 너무 재미있고 웃긴 사건들이었다. 지금 생각해보면 어떠한 환경에서도 웃음으로 넘겨 버리고 긍정적으로 상황을 받아들인 손님들의 마음이 잊지 못할 여행을 만든 것 같다.

지난 20년 동안 모신 여러 팀 가운데 대부분 재미있었다 고 생각한 팀들을 보면 이런 멤버 구성이 좋았다. 다들 긍정적이고 친절하고 이해심이 많았다. 그 나라가 좋아서 음식이 맛있어서 좋았던 것이 아니라 그들이 여행을 재미있게 만들었던 것이다. 같은 음식재료도 누가 만들었는지에 따라 음식 맛이 다르듯 여행도 그런 여행 재료들이 아무리 훌륭해도 무엇 하나 잘못 섞어버리면 엉뚱한 입맛이 되고 마는 여행이 된다.

여행은 다 좋을 수 없다. 기다리는 줄이 길어 다리 아프고 시간이 아까울 수 있지만 오랜 기다림 끝에 접하는 광경은 만족도가 훨씬 더 높다. 마치 2시간을 기다리고 1분 30초 타는 놀이동산의 롤러코스트처럼. 만약 롤러코스트를 기다림 없이 탔다면 그렇게 재미날까? 새벽잠을 못 자고 밤새 운전해서 간 동해의 새해 첫 일출이 매일 아파트 베란다에서 보는 일출보다 더 예쁘고 더 황홀하지 않을까? 같은 환경에서도 생각하는 마음만 조금 달리한다면 악몽의 여행이 내 인생에서 가장 재미있는 여행이 될 수 있다. 그것이 매번 새롭게 간 여행으로 바뀌길 바란다.

6. 스님과의 인연

여행을 통해 현명해지기를 원한다면 자신을 데려가지 말아야
한다.

- 소크라테스 -

불교에서 스님이 되기 위해 출가를 하게 되면 먹지 말아
야 할 5가지 채소 음식이 있다. 일반적으로 고기만을 먹지
않으면 된다고 생각하는데 이 외에 향이 강해 수행에 방해
가 되는 5가지 채소가 있다. 오신채라고 하는데 파, 마늘,
부추, 달래, 무릇이다. 그런데 나는 태어날 때부터 지금까
지 잘 안 먹는 채소가 이 채소들이다. 어렸을 때는 파를 먹
고 토한 적도 있었고, 마늘과 생강이 들어간 음식은 전혀
손을 대지 않았다. 지금은 좀 나아졌지만 그래도 이 5가지
음식은 되도록 먹지 않는다. 전에는 몰랐는데 내가 좋아하
지 않은 음식이 불교에서의 오신채와 같다는 말을 친한 친
구에게서 듣고부터 나는 갈등과 고뇌에 빠졌다. 스님이 되
라는 건가? 아니면 전생에 스님이었나?라는 나만의 생각이
불교와 내가 인연이 있다는 것을 알았다. 지금도 가끔 명
상을 할 때면 잠깐 앉아 있었던 것 같은데 1시간이 훌쩍
넘어가는 것을 봐도 전생에 내가 큰스님이었을 것이다. 외
국에서 가이드를 하고 결혼 후 한국으로 돌아와 처음으로

일한 곳이 불교 여행사라는 것도 그 증거다.

불교와 인연을 쌓고 이제껏 그 불교 덕분에 여행업을 직업 삼아 잘 살고 있다. 불교를 믿는 엄마 손을 잡고 아무것도 모른 채 처음 절에 갔었다. 가는 길이 지루하고 힘들지 않았고 절에 가서는 조용하고 평온한 분위기가 좋았던 기억이 난다. 여행사에 근무하면서 스님들이 주요 고객이 되어 다른 사람들은 어렵게 찾아가는 절을 내 집 드나들 듯 전국 사찰을 어느 때는 하루에 5곳도 다닌다. 성지순례라는 이름으로 스님들도 신도와 함께 하는 해외여행을 좋아한다. 그러니 그 여행을 도맡아 행사하는 여행사 직원인 나를 안 반길 수가 없을 것이다. 그 어느 누구보다도 나를 반겨준다. 심지어는 법회를 미루고 아니면 법회를 빨리 마치고 나를 반겨주시기까지 한다. 일반 신도는 만나기도 어려운 스님이 나와의 미팅을 위해 직접 찾아오시는 경우도 있다. 그런 스님들과 신도님들 덕분에 가정을 이루고 맛있는 것도 사 먹고 때론 가족들과 여행도 갈 수 있을 만큼 잘 살아가고 있다.

대형 여행사 팀장으로 일을 할 때도 스님들은 내 주요 고객이었다. 불교뿐만 아니라 기독교, 가톨릭까지 도맡아 했던 성지순례팀 팀장은 스님만 만나지 않았다. 어제는 목사님을 찾아뵙고, 오늘은 스님을 뵙고, 내일은 신부님을 뵙는 스케줄이 있었던 날도 있었다. 같이 일하는 직원들이 각각 담당종교 성지순례를 하고 있었지만 팀장인 나는 이를 총괄하다 보니 어쩔 수 없이 3개의 종교를 접할 수밖에 없었다. 그래도 내 주요 고객은 스님들이었다. 오죽하면 스님이라는 말이 입에 배어 말끝마다 네! 스님. 네! 스님 하며 말이 끝났다. 한번은 이스라엘 순례를 상의하러 기독교 담당 직원과 함께 서울 어느 교회 목사님을 찾아뵈었을 때 일이다. 스님만을 상대했던 내 말투가 목사님 앞에서 대답을 "네! 목사님!"이라고 해야 하는데 나도 모르게 "네! 스님!" 이렇게 말하는 것이 아닌가! 이미 엎질러진 물처럼 주워 담을 수 없는 내 말에 놀랐다. 그리고 목사님께 대단한 실례를 했다고 생각하고 있을 찰나 목사님께서 "아멘!"이라 하는 것이 아닌가! 참! 아이러니하고 이상한 일이었다. 화를 내도 모자랄 판에 아멘이라니… 나중에 알고 보니 내가 말한 "네. 스님!"이 목사님 귀에는 "예수님!" 이렇게 들렸다고 한다. 지금은 오로지 불교 성지순례만 하고 있어 목사님과 신부님을 일적으로 뵙지는 못하지만 그때의 에피소드는 아직도 "네! 스님" 할 때마다 생각난다. 이런 스님과의 인연으로 하여금 나는 큰 힘을 들이지 않고 여행사를 잘 운영하며 살고 있다.

스님들은 수행을 해서일까 큰일에도 좀처럼 화를 내지

"20년 경력 현직 여행사 사장이 알려주는 여행 꿀팁"

않는다. 스님들끼리 가는 성지순례에서 '벼룩 서 말은 끌고 가도 스님 3명은 못 모시고 간다'면서 우리에게 힘들겠다 며 응원을 많이 해주신다. 하지만 실상은 그렇지 않다. 스 님과 인연이 되기 전까지 일반인들을 상대로 일했었다. 그 때보다 훨씬 수월하다. 스님 100명 행사를 할 때의 힘듦은 일반인 20명 정도 해당하는 힘만큼도 안 든다. 스님들은 먹는 음식이 다르다 보니 여행에서 음식만 잘 챙겨드리면 어떠한 악조건에서도 평온하시다. 자비라는 표현이 맞을 까? 가다가 버스가 퍼져서 목적지를 늦게 들어가도, 비행기 결항으로 비행기를 못 타도, 태풍 영향으로 일정이 취소되 어도 원만하게 행사 진행을 못 해 죄송스러운 우리 마음을 헤아려주신다. 오히려 걱정하지 말고 침착하게 일을 헤쳐 나가라며 힘을 보태주신다. 이런 스님들과 나는 늘 함께 한다. 사찰에 뵈러 갈 때마다 좋은 향기의 차와 함께 덕담 을 말씀해주신다. 그리고 일어날 때쯤 성지순례 상의를 한 다. 마치 나는 성지순례 때문에 스님을 뵈러 간 것이 아니 고 스님을 뵙고 차 한잔을 마시러 간 듯한 느낌으로 사찰 을 나오곤 한다. 그리고 가지고 가라며 덤으로 스님께서 여행을 포장해주신다. 언제나 나를 반겨주시는 스님이 있 고 그런 스님들로 하여금 내가 먹고산다는 것에 감사하고 또 감사하다.

7. 손님이 재산이다

여행과 병에는 자기 자신을 반성한다는 공통점이 있다.
- 다케우치 히토시 -

여행사는 혼자 운영할 수 있다. 또한 수백 명의 직원을 두고 서울 한복판에 큰 사옥과 호텔을 두고 운영할 수도 있다. 이들의 공통점은 손님이다. 모두가 손님이란 공통된 분모로 서로 다른 체구만 하고 있을 뿐이다. 여행사는 어떤 회사들보다 창업하기 쉽다. 전화기 한 대, 컴퓨터 한 대, 그리고 책상만 있으면 된다. 나는 초창기 여행사를 설립하고 사무실을 옮겨야 하는 상황이 있었다. 사무실을 못 구해 2개월을 그냥 동네 카페에서 업무를 봤다. 그래도 아무 불편함이 없었다. 프린트는 집에서 하고 손님은 찾아가서 만나고 행사는 공항에서 만나 해외에서 하면 됐다. 손님들도 사무실이 없다는 것을 전혀 모른 채 그냥 튼실한 여행사로 봤다. 작은 식당을 하더라도 음식재료와 식탁을 놓을 공간이 필요한데 여행사는 아무것도 필요 없다. 손님만 있으면 된다. 바꾸어 말하면 아무리 진수성찬으로 차려놓은 여행사도 손님이 없으면 끝이다. 이쑤시개 같은 작은 물건 또는 식당에서 음식을 파는 일은 눈에 보이는 매개체가 있는데 여행은 없다. 여행 일정이 있는 종이 몇 장이 실체이다. 그리고 나머지는 여행을 떠나 현장에서 부딪혀야 한다. 그리고 선불이다. 어쩌면 여행사를 믿지 못하면 정말 불안한 거래가 여행이다. 수백만 원을 선불로 지불하고 일정이 적힌 종이 몇 장만 가지고 낯선 해외를 간다. 이것은 여행사와 신뢰관계가 밑바탕이 되어야 한다. 여행사와 이런 신뢰관계를 쌓지 않은 손님들은 그래도 인지도가 있는 큰 여행사를 믿고 여행을 가는 것이 마음이 덜 불안하다. 아니면 '안전하겠지! 무슨 일 없겠지!' 하는 모험과 도전의 마음을 담아 자유여행을 택한다.

한번은 사스라는 유행병으로 손님이 없었던 시기가 몇 개월 있었다. 손님들과 통화 하고 일정표를 만들고 해외 출장을 가는 식상한 일상이 없어졌다. 한동안 그 평온함이 좋았다. 그동안 틀에 박힌 업무에 새로운 시도를 할 수 없어 아쉬웠는데 시간이 남으니 뭔가 해볼 수 있어서 좋은 기회였다. 그런데 막상 그런 날들과 마주하니 어떤 것도 손에 잡히질 않았다. 몇 달을 아무것도 못 한 채 그냥 흘려보냈다. 가끔은 힘들고 어렵게 느껴졌던 손님들과의 바쁜 날들이 그리워졌다. 나를 살아 숨 쉬게 하는 심장이 없어진 기분이었다. 벨소리 한번 울리지 않은 핸드폰이 무색했고, 수북이 쌓여 있는 갈 곳 없는 일정표가 초라했다. 이따금 걸려오는 손님의 안부 전화가 왜 이리 반가운지. 그전엔 당연히 손님이 항상 나를 찾아주고 그 손님들이 끊이질 않는다고 생각했다. 그런데 막상 손님 발이 끊겨보니 어디선가 스쳐 들었던 말이 가슴에 와 닿았다. '손님이 재산이다.' 정말 여행사는 손님이 없다면 아무것도 할 수 없는 허상이구나 하는 생각이 들었다. 우리나라에서 제일 큰 여행사도 그때는 문을 잠시 닫았었다. 손님들이 없다 보니 그동안 아무렇지 않게 먹던 점심 값 몇천 원이 부담이 되어 도시락을 싸서 출근한 적도 있었다. 그때를 생각하면 손님 한 분 한 분이 큰 재산이고 나의 생활을 영위하는 유일한 수단이다.

건강한 사람의 조건이 키가 크고 몸집이 뚱뚱한 사람이 아니듯 작은 여행사라고 해서 여행이 재미없고 뭔가 큰 여행사보다 못할 거 같지만 그 반대의 경우도 많이 있다. 오히려 단골손님은 비율로 본다면 큰 여행사보다 작은 여행사가 많다. 단골이란 음식이 맛있는 식당, 머리를 잘 하는 미용실, 항상 방문하면 가족같이 맞아주는 사장님처럼 그 분야에서 손님한테 입소문이 나야 단골이 생긴다. 여행사가 나의 여행스타일을 알고 있고 여행에서 내가 싫어하고 좋아하는 것을 이미 알고 있다면 만족도가 더 높지 않을까? 만약 여행사를 이용해 지금 해외여행을 다니고 있다면 주

"20년 경력 현직 여행사 사장이 알려주는 여행 꿀팁"

위의 단골 여행사를 선택하라. 그래서 나의 여행취향과 재정능력을 그 직원에게 어필하라. 그리고 매번 그 직원에게 나의 여행을 의뢰해보라. 알아서 잘 해줄 것이다.

왜냐하면 그 직원에겐 손님이 소중한 보석과도 같기 때문이다. 그런 보석들이 또다시 찾게 하기 위해서는 그 여행사만의 차별화된 프로그램과 응대가 있어야 한다. 그래서 그 보석들이 감동과 여운의 빛을 받아 반짝반짝 빛나게 해야 한다. 보석은 어두운 곳에 있거나 갈고 닦지 않으면 그냥 하나의 돌에 불과하다. 여행에서 최고 만족의 빛을 그 보석에 비추어야 한다. 그래서 보잘것없는 주위의 돌들 사이에서 반짝반짝 혼자서 빛나게 해 그 보석의 진가를 본인이 알 수 있게 하여야 한다. 나는 오늘도 그 보석들이 빛이 나도록 애지중지 갈고 닦고 열심히 환한 빛을 비추고 있다.

8. 여행 없는 삶

약상자에는 없는 치료제가 여행이다. 여행은 모든 세대를 통틀
어 가장 잘 알려진 예방약이자 치료제이며 동시에 회복제이다.
- 대니얼 드레이크 -

삶을 긴 여행으로 비유하듯 여행은 누구에게나 공기와
같은 삶의 일부이다. 사람들은 집을 떠나 내가 모르는 낯
선 곳만 가도 여행이라 말한다. 여행은 부정적 마음보다는
긍정적 마음을 가지고 떠난다. 하물며 사랑하는 연인과의
이별의 아픔을 잊기 위해 떠나는 여행도 마음을 가다듬고
지금보다 더 나은 삶을 살아가기 위한 마음의 긍정을 찾기
위해 떠난다. 만약 삶에 여행이 없다면 어떨까? 그들은 무
엇을 위해 살까? 저녁에 먹을 대하 소금구이를 생각하며
살까? 아니면 다음 주에 만기가 돼서 타는 적금을 생각하
며 살까? 여행업이 유일한 직업인 나로서는 이해가 되지
않는 부분이기도 하다.

여행이 없었다면 지금도 지구가 네모이고 낭떠러지가 있
는 절벽이라고 생각하며 살 수도 있겠다. 역사는 여행을
통해 우리가 접하지 않은 새로운 문물을 받아들임으로써
발전하였다. 여행이 지금 세상을 만들었다 해도 과언이 아
니다. 넓은 의미에서 보면 교류가 여행에서 시작되었기 때

문이다. 마르코 폴로가 중국으로 간 것과 콜럼버스가 인도로 간 것은 여행을 좋아했기 때문이다. 지루하고 따분한 일상에서 별일을 찾아 떠난 것이다. 그렇게 호기심과 재미로 떠난 신대륙에 본인들이 생각한 돈 될 만한 것들이 있었다. 그것이 나중에 역사로 남은 것뿐이다. 그때 당시 신대륙을 찾아 떠난 숱한 여행자들이 뭔가 역사에 남을 만한 것을 발견 못 해서 우리에게서 잊힌 것뿐이다. 그들도 마르코 폴로, 콜럼버스처럼 여행이 좋아서 어쩌면 그들보다 더 길게 여행했을 수도 있다. 역사에 남아 있는 인물이건 아니면 이름 모를 누구건 그때 당시 많은 여행자들이 뭔가의 재미를 느끼려고 떠난 여행이 오늘날 우리 사회를 하나의 지구촌으로 만들었다. 그들의 공통점은 여행이 좋아서 떠난 것이다. 그 여행에서 우연히 덤으로 뭔가를 얻은 사람과 그렇지 못한 사람으로 나뉠 뿐이다.

세상에 태어나 나이 60이 되도록 한 번도 여행을 해보지 않았다는 사람이 있을까? 아직 본 적은 없지만 대신 해외를 한 번도 나가본 적이 없다는 사람들은 이따금 봤다. 이 사람들을 자세히 들여다보면 지극히 현실적이며 비판적이다. 그리고 부정적인 사람이 많다. 여행은 모든 내 주위의 조건이 평화롭게 아무 일 없을 때 떠나는 것이라고 했다. 그렇다면 여행을 한 번도 못 해본 사람들은 어떨까? 항상 무슨 일이 있다. 주위에서 함께 가자고 해도 집안에 무슨 일이 있어서… 누가 아파서… 일이 잘 안 돼서… 하며 일상에 항상 무수히 많은 일들이 그들을 붙잡고 있다. 그래서 갈 수 없다. 반면, 여행을 좋아하는 사람들은 그들이 가지 못하는 무수히 많은 이유가 난무하지만 모두 해결한다. 내 주위에서 벌어진 사고들을 아무 일 아닌 것으로 만들어 놓고 간다. 누가 아플 경우 내가 있어도 아픈 것을 나눌 수 없으니 간다. 수중에 당장 돈이 없어도 돈은 있다가도 없는 것이니 여행비를 마련해서 간다. 여행을 좋아하는 사람들은 긍정적이고 희망적이다. 그래서 삶이 밝다. 그러다 보니 주위에 좋은 일만 생기고 아는 사람도 많다. 그런 사람들은 인생 자체가 즐거움이다.

인류는 원래부터 600만 년 동안 사냥을 위해 이동하며 생활하는 '호모 비아토르(Homo Viator)'였다. 다시 말하면 태어날 때부터 여행을 좋아하지 않는 사람은 없다는 것이다. 그러나 세상을 살다 보면 내 삶의 환경과 조건이 그 이동본능을 붙잡아둔다. 그래도 마음 한편에는 늘 떠나고 싶어한다. 하루의 3분의 1은 잠을 자야 건강하게 사는 것처럼 누구나 여행은 반드시 풀어야 할 숙제처럼 해야 건강하다. 그래야 온전한 삶을 살아갈 수 있다. 여행이 없는 삶은 태양빛을 받지 않은 나무처럼 삶이 병든다. 세상을 보는 모든 시

"20년 경력 현직 여행사 사장이 알려주는 여행 꿀팁"

각이 부정적이고 편협적으로 될 가망성이 크다. 본인만 그렇지 않다고 생각할 뿐이다. 여행을 좋아하는 사람들이 이 구동성으로 말하는 말이 있다. '여행을 하면 마음이 넓어지고 주변을 보는 시각이 넓어진다'는 것이다. 여행을 통해 전에 느끼지 못했던 속 좁은 생각이나 판단 착오들이 잘못되었음을 문득 깨닫는 것이다. 그들에게는 여행이 삶을 바로 살게 해주는 마중물인 것이다. 혹 살아가면서 내 주변의 삶이 갑작스럽게 환경이 변하고 상황이 바뀌어 어디로 가야 할지 모르는 부평초처럼 몸도 마음도 혼란스럽다면 발길 닿는 대로 떠나보라. 그리고 거기서 많은 생각을 하며 엉켜 있는 실타래를 한 올 한 올 풀어보라. 그러면 어느 순간부터 여행은 내 마음을 청소하고 비워낼 뿐만 아니라 마음속 쓰레기를 버리는 구실을 하게 되어 다녀오고 나면 정신과 육체가 맑아질 것이다.

9. 여행을 통해 배운다

자식에게 만 권의 책을 사 주는 것보다 만 리의 여행을 시키는
것이 더 유익하다.

- 중국 속담 -

TV를 볼 때 뭔가 딱딱하고 단순하게 진행되는 프로그램
을 보면 생방송이 많다. 생방송은 편집이 없어 실수를 해
도 그대로 시청자가 보기 때문에 되도록 짜인 각본대로 진
행한다. 여행도 생방송이지만 무조건 짜인 일정대로 한다
고 해서 현명한 여행은 아니다. 내가 20년 동안 여행업에
종사하면서 터득한 배움이다. 여행은 상황에 따라 일정 변
경도 좋은 결과를 낳는다. 한번은 내가 인솔자로 중국을
갔을 때의 일이다. 첫날부터 태풍의 영향으로 심한 비바람
때문에 외부 일정을 하나도 하지 못했다. 손님은 일정을
취소하고 한국으로 가겠다고 했다. 그때 "천재지변으로 인
한 일정 취소는 여행사 책임이 없고 한국 가시는 추가비용
은 손님 부담입니다"라고 했다면 그 손님들은 최악의 여행
이 되었을 것이다. 나는 기본 일정은 아니지만 실내에서
할 수 있는 것들을 가이드와 상의했다. 마사지, 쇼 관람, 특
식제공, 한국노래방 등 여러 일정을 가이드와 만들어 그
손님들에게 제시했다. 그 손님들은 흔쾌히 승낙했다. 그 손

님들이 마지막 날 하는 말, 이제껏 해본 여행에서 최고로 재밌었다. 비바람은 몰아치고 온통 관광지는 물바다였지만 손님들은 대만족이었다. 만약 내가 원래 일정대로 밀어붙였다면 어땠을까? 상상만 해도 아찔하다. 꼭 날씨 때문은 아니더라도 이와 비슷한 일들이 가끔씩 있다. 나는 그때마다 가이드나 인솔자에게 손님과 상의하여 현명하게 대처하라고 한다. 가끔 일정을 들먹이며 일정대로 하자고 하는 손님들이 있다. 어떻게 해야 할까? 이때 현명한 여행과 미련한 여행이 갈린다. 보통 여행사는 계약위반에 따른 환불을 요청하는 손님들 때문에 그냥 일정대로 진행한다. 비가 오건 바람이 불건 케이블카가 작동하지 않아 걸어 올라가건 손님 90프로가 무리한 일정 진행에 대해 불만을 토해내든 상관없이 일정대로 진행한다. 계약위반이라는 것이 한국에서 문제가 될 수 있기 때문이다. 정말 미련한 여행이다. 나는 이때 일정 변경에 대해 자세히 설명해주고 손님들이 판단하게 한다. 그리고 일정 변경에 대한 동의서를 받는다. 대부분 손님들은 동의를 한다. 아니 동의할 수밖에 없다. 그런데 가끔 위의 손님처럼 일정을 고집하는 손님이 있다. 세상을 규정의 틀에 가두어놓고 규정을 어기면 안되는 심지가 굵은 손님들이 있다. 한번은 그런 손님을 위해 별도의 가이드와 차량을 준비해서 그 손님만 일정대로 진행해준 적이 있다. 역시 예상대로 여행지에서 그 무엇도 할 수 없었다. 관광지가 실제로 그런지 확인만 시켜주고 왔을 뿐이었다.

여행은 그 사람을 알게 해준다. 하루 24시간 같은 공간에서 짧게는 3일 길게는 15일까지 밥도 같이 먹고, 풍경도 같이 보고, 잠도 같이 잔다. 한국에 있을 때는 만나야 몇 시간 같이 있었는데, 여행은 며칠을 같이 있어야 한다. 그래서 알지 못했던 다른 면을 알 수 있다. 잠을 잘 때 코를 골고, 이를 갈고, 방귀도 뀐다. 화장 안 한 모습에 까무러치기도 하고, 짜증 날 때는 욕도 간혹 섞어 하는 모습을 보고 가식이 많은 애였구나 하고 느낀다. 반면에 말이 없고 무뚝뚝한 친구인 줄 알았는데 샤워 후 물이 튄 욕실 바닥과 세면대를 수건으로 닦아줘서 배려를 하는 친구인 것을 알게 된다. 항상 내가 먹고 싶고, 갖고 싶은 것을 사준 애인이 여행에서 10달러에 벌벌 떠는 모습을 보고 좀생이라는 것도 알게 된다. 몇 시간의 순간을 감출 수는 있어도 몇 날 며칠은 감출 수 없다. 그러니 여행을 함께 하게 되면 그 사람을 자연스레 알게 된다. 혹 어떤 사람인지 알고 싶으면 여행을 제안해보라.

산을 좋아하는 사람들은 산행에 인생이 있다고 한다. 힘든 산을 오를 때면 우리 인생도 역경이 있다며 잠시 쉬어

"20년 경력 현직 여행사 사장이 알려주는 여행 꿀팁"

가자고 한다. 낚시를 좋아하는 사람들은 낚시에 인생이 있다 한다. 낚싯줄이 바윗돌에 걸려 끊어질 때면 우리 인생도 그만 살고 싶을 만큼 힘들 때가 있다 한다. 월척을 낚아 올릴 때면 우리 인생도 취직, 합격과 같은 감격스러운 날이 분명 있다고 표현한다. 여행도 우리 인생과 비슷하다. 아무리 좋은 여행도 배고프면 먹어야 하고 한참을 걷다가 다리가 아프면 쉬어야 한다. 가끔 일정 때문에 때를 놓쳐 밥을 늦게 먹을 때도 있고, 느린 한 사람을 기다리느라 좋은 자리에 앉지 못해 유달리 키가 크고 머리가 큰 사람 때문에 쇼를 제대로 못 볼 때도 있다. 이처럼 여행 중 좋지 않은 상황이 발생되면 빨리 마음을 좋게 바꾸어야 한다. 그 시간에 밥을 먹는 것만으로도 다행이라고 생각하며 먹어야 더 맛있는 식사를 할 수 있다. 그 자리라도 앉아서 쇼를 본다는 것에 감사를 해야 쇼가 더 재밌어진다.

우리 인생도 살다 보면 생각지도 않은 불행이 닥칠 때가 있다. 어제까지 아무렇지 않게 일상생활을 하던 아내가 병원에서 암 선고를 받고 시름에 빠져 매일 눈물로 침대에 누워만 있다. 그 여파로 온 가족이 정상적인 생활이 어려울 정도로 우울한 기분으로 하루하루를 보낸다면 어떨까? 인생에 이런 불행한 일이 닥쳤을 때 앞의 여행에서처럼 빨리 현실을 받아들여야 한다. 그리고 암 전이가 안 된 것에 감사를 하고 수술을 받고 회복을 해야 한다. 그래야 예전의 아무 일 없는 평범한 일상으로 돌아가 다시 행복을 찾을 수 있을 것이다. 여행지에서 늦지 않기 위해 서로서로를 더 챙겨주듯 나와 관련된 사람들이 불행에 빠지지 않도록 서로서로 챙겨주어야 한다.

보통 가장 보고 싶은 것이 있어 그 여행 상품을 결정한다. 예를 들어 나이아가라 폭포를 보기 위해 미국 동부 지역 여행 코스를 선택한다. 나이아가라 폭포는 하루면 다 본다. 그리고 나머지 일정은 동부 지역을 간 김에 뉴욕도 보고, 워싱턴도 가보는 것이다. 나이아가라 폭포에서 재미를 느끼고 사진만 딸랑 찍고 돌아올 수는 없다. 그런 거면 정말 미련한 짓이라는 걸 누구나 다 알고 있다. 엠파이어 스테이트 빌딩 전망대에서 뉴욕 전경을 보며 세계의 중심에 감동도 하고, 워싱턴 백악관 앞에서 미국 대통령도 볼 수 있는 행운을 기대해야 한다. 나이아가라 폭포를 보기 위해 미 동부 여행을 결정했지만 여행 내내 재미있고, 감동적이어야 한다. 그것이 여행하는 목적이다. 인생을 살면서도 바라는 것은 한 가지뿐이다. 좀 추상적이긴 하지만 누구나 행복하기를 바란다. 그런데 행복만 할 수는 없다. 불행도 있어야 행복을 알 수 있고, 행복하기 위해 일도 하고, 공부도 하고, 아기도 낳는다. 사람이 살아가는 모든 일들은 모두가 행복하기 위해서 하는 것이다. 그런데 이런 행복을 위한 과정들을 즐기고 만족해하지 않는다면 평생 불행할 것이다. 행복이란 끝이 없다. 지금 행복한데 더 행복하기를 바란다. 행복은 지금 이 자리에 있다. 아내가 암에 걸렸지만 나을 수 있어서 행복하고, 안 좋은 자리에 앉았지만 쇼를 볼 수 있어 행복하고, 늦었지만 식사를 할 수 있어 행복한 것이다. 우리는 지금 다시는 못 올 행복한 인생 여행을 하고 있다.

10. 여행사 직원으로 살기

이제 죽어도 한이 없을 만큼 여행에서 감동과 즐거움, 추억을 만들어라. 인생은 두 번 오지 않는다.

- 저자 박동주 -

내가 다년간 느낀 여행업은 깊은 강물의 살얼음판이다. 그래서 얼음이 깨져 물에 빠지지 않게 항상 조심해야 한다. 조금이라도 방심하면 얼음이 깨지고 만다. 얼음이 깨져 물에 빠지게 되면 그동안의 조심은 수포로 돌아간다. 99번 잘하고 1번 잘못해도 여행은 망친다. 한순간도 봐주는 것이 없다. 매번 노심초사 안절부절 하지 않으면 여행업에 종사할 수 없다. 단체손님들이 첫날 비행기를 타고 해외로 나가면 그날 밤은 잠이 잘 오지 않을 때가 많다. 행여 입국하는 데 문제가 있지 않을까? 가이드는 잘 만났을까? 호텔은 마음에 들어 할까? 혹 식사가 입에 맞지 않아 컵라면을 찾고 있는 것은 아닐까? 하는 온갖 잡다한 불안감들로 잠을 설쳐댄다. 그래서 나는 연세가 많은 단체 팀 또는 인원이 많은 단체 팀 같은 경우는 직원을 보내지 않고 내가 직접 인솔자로 나선다. 그래야 마음이 안심이 된다. 아마 이런 마음의 장애는 내가 여행업을 떠나지 않는 한 평생 어깨에 짊어 메고 가야 할 것 같다.

"20년 경력 현직 여행사 사장이 알려주는 여행 꿀팁"

가끔 손님들이 말한다. 살아가면서 힘들 때 지난번 했던 여행을 생각하면 위안이 된다고. 그런 여행을 또 하고 싶다고. 더 나아가 삶의 목표가 얼마 남지 않은 여생을 그런 여행을 하면서 살아가고 싶다고 한다. 나는 그런 여행 중심에 내가 가장 고마운 사람으로 그 사람 머릿속에 남아 있고 싶다. 돈은 있다가도 없고, 지금 못 벌면 나중에 벌면 되지만 세월이란 이름으로 시간은 지금도 흘러가고 있고 인생이란 제목으로 자신만의 극적 드라마를 생방송으로 찍고 있다. 그것도 주인공인 내가 죽음으로 끝나는 비극이다. 지금이 지금뿐이고, 가까운 미래도 곧 지금이 될 것이다. 지금이 즐겁지 않으면 앞으로도 즐겁지 않다. 여행은 지금을 즐겁게 한다. 여행 준비를 하는 지금도 즐겁고, 여행을 하고 있는 지금도 즐겁고, 여행을 다녀와 그 여행 생각을 하는 지금도 즐겁다.

여행은 모든 조건이 완벽해야만 할 수 있는 것이다. 여행을 한다는 것은 내 주위의 모든 것이 평화롭다는 것이다. 아픈 것도 없고, 하루 종일 마음을 사로잡는 근심도 없고, 굶어 죽을 정도로 생활이 어렵지 않고, 잠을 못 잘 정도로 시간이 없는 것도 아니다. 그 완벽한 조건이 그 사람에게 여행을 선사했다. 여행은 많은 사람들이 모두가 가지고 있는 좋은 경험이고 추운 겨울 따뜻한 아랫목 같은 느낌이어야 한다.

푸켓에서 가이드 시절 처음 스쿠버다이빙을 배웠다. 가이드는 기본적으로 스쿠버다이빙을 할 줄 알아야 한다는 사장님의 지론으로 교육비 없이 배웠다. 수영도 제대로 할 줄 몰랐던 나에게 발도 닿지 않는 바다 깊숙이 들어가는 것은 정말 죽기 살기였다. 몇 날 며칠을 그렇게 수영장에서 연습하고 얕은 바다에서 입수 연습을 하고 바닷속에서 물안경을 벗고 쓰고, 재킷을 입었다 벗었다 하는 등 많은 연습 끝에 테스트에 통과했다. 패디(PADI) 오픈 워터 자격증을 받았다. 그리고 마침내 처음으로 수심 20미터 밑으로 바다 구경을 나섰다. 바다에 들어가자마자 물안경을 잘못 썼는지 물안경에 물이 들어오고 바늘구멍으로 숨이 나오는 것처럼 숨은 잘 안 쉬어지고, 몸은 계속 밑으로 가라앉고 도무지 죽을 것 같은 느낌이었다. 그런데 그런 생사의 기로에 서서 아등바등하는 와중에 가끔 앞에 보이는 물속 풍경을 지금도 나는 잊을 수 없다. 지구의 반은 물이라고 했던가! 바닷속이 이렇게 아름답던가! 나는 세상의 반만 보고 살아서 마음이 이제껏 밴댕이 속처럼 좁았던 걸까 하는 생각이 들었다. 지금도 그때 처음 물속에 들어갔던 느낌, 완전 자연 그대로 거대 수족관이었던 그 황홀감과 감탄사는 말로 표현 못 할 경험으로 잊을 수 없다. 살랑거리는 산호초 위에 아네모네 피시, 많은 물고기 떼, 라이언 피시 등

"20년 경력 현직 여행사 사장이 알려주는 여행 꿀팁"

그 바닷속 풍경이 20여 년이 된 지금도 어제 일처럼 생생하다. 이 바닷속 여행은 죽어서까지 잊을 수 없을 것 같다. 여행도 이처럼 생생한 기억이 날 만한 어느 한순간이 반드시 있어야 한다. 죽도록 사랑해서 부모의 반대를 무릅쓰고 야반도주하여 결혼한 부부도 그런 열렬한 사랑이 한순간이 되듯 여행도 내내 즐거울 수 없다. 하지만 활활 타오르는 황홀한 순간의 사랑이 부모까지 버리고 야반도주할 만큼 여행도 미치게 쓰러질 정도로 감동할 한순간을 만들어야 한다. 가만히 있으면 오지 않는다. 그런 열렬한 사랑도 가만히 있어서 온 것이 아니다. 여행사도 가이드도 가져다줄 수 없다. 나에게 온 정성을 쏟아붓고 있는 내 옆의 연인도 만들어줄 수 없다. 본인이 느끼고 행동하고 마음먹어야 그런 순간이 온다. 나는 그런 잊지 못할 감동과 추억을 손님에게 만들어주기 위해 내가 깔아놓은 멍석 위에서 때로는 개그맨에 되어 바보짓을 했다. 때로는 호랑이 선생님이 되어 깊은 심해저로 빠져버린 분위기를 살리려 노력했다.

일생의 마지막 여행이었던 암 말기인 노보살님이 부처님 성지인 보드가야에서 108배를 하며 우시는 모습, 시각장애인 단체가 카메라를 목에 메고 갔던 라오스 여행에서 튜브를 타며 재미있어 하는 모습들, 오점을 남기지 않으려 여행 내내 인상을 쓰며 단체 통솔에만 신경 쓰고 말 한마디

없던 점잖은 단장님이 호수 앞 캠프파이어에서 손주가 생각난다며 동요를 부르던 모습 등 이런 모든 감동적이고 역사적인 현장에 나는 있었다. 그들의 평생 잊지 못할 여행 한편에 내가 서 있었다. 나는 내 직업이 너무 좋다. 다시 태어나도 여행업을 천직으로 알고 이 일을 하며 살고 싶다. 어떤 손님에게는 힘든 여행이었고 또 어떤 손님에게는 감동이었을 이런 경험이 나에게는 보람이었고 내가 여행업에 종사하고자 하는 목적이었다. 여행은 관광과 다르게 돌아올 때 뭔가를 한 가지 배우고 오는 것이라고 했다. 나는 그 한 가지가 다름 아닌 가슴의 뭉클함이었으면 좋겠다. 감동적이어서 뭉클하고, 너무 좋아서 뭉클하고, 다시 볼 수 없어서 뭉클하고 이 순간이 다시 올 수 없어서 뭉클했으면 좋겠다. 광대한 우주에서 지구라는 작은 행성에 아주 작은 생명으로 태어나서 이런 가슴 아리는 뭉클함으로 살아간다면 삶이 비록 비극으로 끝나더라도 후회 없지 않을까? 여행자여! 지금 당장 죽어도 죽어서까지 잊지 못할 눈물 날 만큼 가슴 뭉클하고 손 떨리는 순간을 마주하러 모든 것 팽개치고 공항으로 달려가라!

"20년 경력 현직 여행사 사장이 알려주는 여행 꿀팁"

에필로그

아무 일도 벌어지지 않는 평범한 일상을 살면서 사람들은 눈이 휘둥그레 돌아가고 말로 표현할 수 없는 광경 또는 감격의 순간들을 보면서 "와~ 영화의 한 장면 같다!"라는 표현을 한다. 대부분 그런 순간들은 나쁜 일보다는 좋은 일을 두고 많이 표현한다. 세상에 태어나 이처럼 눈이 휘둥그레질 만큼의 감동적이고 눈물 나는 일들이 얼마나 될까? 나 역시 이런 일들은 거의 겪어보지 못했다. 다만 여행업을 하면서 가끔 손님 중 일부가 멋진 광경을 보고 '영화의 한 장면 같다'라는 표현을 하는 것을 듣곤 한다. 그 손님들은 그 순간을 기억하고 있다가 오랜만에 나를 만났을 때 그때의 영화의 한 장면을 이야기하곤 했다. 아마 그 손님은 그것을 평생의 좋은 기억으로 우울하고 힘겨울 때마다 마음속에서 꺼내어 자신을 위로하며 생을 마감하게 될지도 모르겠다. 20년 넘게 여행사 일을 하다가 문득 이런 생각을 했다. "손님들에게 여행에서 이런 영화의 한 장면 같은 기분을 느끼게 해주면 뿌듯할 것 같다! 이왕 시간과 돈을 투자해서 하는 여행을 평생 기억에 남게 해주면 어떨까? 그럼 손님이 나를 또 찾아오겠지! 맞아, 그거야!" 이렇게 생각한 순간부터 나는 평범한 여행 스케줄에 그 팀만의 이벤트를 넣기 시작했다. 과일을 좋아하는 팀에게는 '과일가게 맛집 투어' 해서 매일 마지막 일정을 과일가게에 들르는 것으로 투어를 마무리하고, 체험을 좋아하는 팀에게는 '현지인 집 불쑥 방문하기' 해서 시골 한적한 농촌마을에 예정에 없던 버스를 세워 그 마을을 한 바퀴 둘러보며 마을 사람들과 보디랭귀지를 해가며 함께 사진도 찍고, 내 주머니에 있는 사탕도 나누어 주고 현지인 집도 기웃거리며 일정에 없는 그 무언가를 여행사에서 준비하면 손님들에겐 특별한 선물이 된다. 이것이 어떤 손님에겐 영화의 한 장면이 될 수도 있다.

먹고살기 바빴던 세대들이 있다. 6·25와 보릿고개를 겪은 이 세대들이 어느 정도 삶의 기반을 마련하고 우리나라 전국으로 여행을 떠나기 시작한 지가 30여 년이 조금 넘었다. 그전에는 앞만 보고 일했다. 그때는 여행이 취미가 아닌 사치였다. 그 세대들의 여행은 서툴렀다. 여행이란 단어를 쓰기가 무색할 정도로 그저 마시고 노래 부르기가 전부였다. 지금은 금지되어 있는 고성방가가 유일한 여행 수단이자 목적이었다. 그렇게 하루를 신나게 놀다가 그것도 아쉬워 집으로 돌아오는 버스에서도 또 한 번 춤 파티가 시작된다. 그때 관광버스에서는 노래방 기계 설치가 필수였다. 여행도 수준이 있다. 아니 여행도 학년이 있다. 그렇게 고성방가가 유일한 여행문화로 자리매김한 때는 유치원생 수준이 아닐까 싶다. 전문가의 입장에서 본다면 지금 우리나라 여행 수준은 초등생 6학년 정도 되지 않을까? 초등학생으로서는 고학년이지만 중학생이나 고등학생이 볼 때는 어린 초등학생인 것이다. 물론 이 초등 무리에는 간혹 중학생, 고등학생, 박사급 수준도 끼여 있다. 하지만 지금 여행자들 반 이상이 이 초등 수준 여행을 하고 있다. 나는 이런 수준의 여행문화를 바꿈으로써 여행의 재미와 즐거움을 높이고 싶다. 귀한 시간, 비싼 돈을 내고 떠나는 여행이 엉망이 되어 두고두고 악몽으로 기억되는 사례들을 지켜보았다. 이는 여행은 아무 조건 상관없이 무조건 싸야 한다는 초등 수준의 생각을 가진 손님과 그런 상품을 만든 일부 여행사 때문이다. 모든 여행객들이 영화의 한 장면 같은 감동을 못 느끼더라도 적어도 돈이 아깝다는 생각을 들지 않게 해야 한다. 그러려면 밥상에 많은 음식을 차려놓는 것보다 먹는 사람이 맛있게 먹는 것이 무엇보다 중요하다. 여행사는 손님이 맛있어한다고 건강에 해로운 정크푸드만 차려놔서는 안 된다. 자극적인 입맛을 좋아하는 손님의 약점을 영업 전략으로 그런 몸에 좋지 않은 영양가 없는 음식으로 상을 차려낸다면 나중에 그 손님은 일찍 병들어버릴 것이다. 그 음식이 내는 깊은 맛과 향을 음미하고 아무데서나 급하게 먹지 않고 제대로 차려진 밥상을 분위기 좋은 곳에서 먹을 때 몸과 마음이 그 음식으로 하여금 건강해질 것이다. 여행문화도 반드시 이런 건강한 상차림처럼 그 여행으로 하여금 삶의 의미도 느끼고 행복도 느낄 수 있도록 하여야 한다. 정크푸드에 익숙한 입맛을 바꾸어놓으려면 그런 음식을 만들지 말아야 한다. 지금 여행사들이 가장 풀어야 할 숙제이다. 하지만 여행사들도 몸에 나쁘더라도 당장 맛있는 음식을 찾는 손님에게 잘 팔아야 먹고살기 때문에 어쩔 수 없이 만들어내고 있다.

여행업 시장은 변화하고 있다. 전에는 여행사라는 옷가게에 들어가 상품이라는 바지를 남녀노소 누구를 막론하고 똑같은 것을 샀다면 앞으로는 상품이라는 바지를 본인의 나이와 신체에 맞게 마음에 드는 것으로 살 것이다. 누구나 다 입어도 상관없이 만들어놓은 획일적인 패키지여행이 아니라 조금 비싸더라도 나에게 가장 잘 어울리고 잘 맞는 맞춤 자유여행으로 변모될 것이 분명하다. 국민의 의식수준이 날로 더해갈수록 이런 자유여행 패턴은 더욱 활성화될 것이다. 혹이 책을 다 읽고도 여전히 나의 나이와 신체 사이즈에 상관없이 아무런 바지나 사서 입을 텐가? 그럼 이 책을 처음부터 밑줄 쳐가며 다시 읽기 바란다. 나는 적어도 당장은 아니더라도 언젠가 이 책을 읽은 독자가 자유여행을 기획하고 현지 정보를 알아보고 여행 일정을 직접 만들어 본인의 입맛에 맞게 여행을 요리하기 바란다. 본인이 직접 만든 요리가 남들에겐 이상한 맛이 될 수는 있을지라도 본인에겐 일생의 가장 맛있는 요리가 될 것임에 틀림이 없기 때문이다.

지금 코로나19로 온 세계가 불운에 빠졌다. 특히 여행업계는 초상집과도 같은 분위기다. 여행에 관한 책을 이 시기에 낸다는 것이 걱정된다는 주위 사람들의 만류에도 불구하고 나는 책을 내기로 결심했다. 왜냐하면 여행은 사람의 본능이기 때문이다. 그래서 이 책 내용도 코로나와 관계없이 평상시 여행 다닐 때를 기준으로 집필하였다. 밥을 굶고 있다가 음식이 나오면 미친 듯이 먹듯 언젠가 여행자제가 풀리면 많은 사람들이 너도나도 공항으로 팔 걷어붙이고 달려갈 것이다. 마치 개구리가 멀리뛰기 위해 뒤로 몸을 움츠리는 듯 지금은 도약을 위한 한 걸음 후퇴라고 생각한다. 바닥을 치고 나면 올라가는 일밖에 없다. 현 상황이 암울하고 가끔 한숨이 나올 때도 있지만 나는 이 상황에 이렇게 책을 쓸 수 있어 기쁘다. 그리고 일로 바빴을 때 미처 손을 대지 못했던 세심한 일들을 할 수 있어 기쁘다. 손님이 나에게 이렇게 소중한 존재라는 것을 깨닫게 해서 기쁘다. 내 턱에 늘어진 살이 결코 좋아 보이지 않아 살을 뺄 수 있는 시간과 여유가 있어서 기쁘다. 나를 뒤돌아볼 수 있고 앞으로 다시 할 수 있는 재충전의 시간들을 준 코로나에 감사할 때도 있다.

이 책을 쓰는 동안 줄곧 내가 말한 것이 여행에서의 마음가짐이었다. 모든 상황을 긍정적으로 봐야 즐겁고 재미있다고 했다. 지금 내게 가장 필요한 말이기도 하다. 그래서 나는 내가 말한 대로 지금을 좋게 생각하기로 했다. 그러면 상황이 분명 좋아질 것이다. 이 책을 많은 사람들이 읽고 있을 때쯤이면 모든 상황이 좋아져 나는 해외 출장 중일 것이다.

"20년 경력 현직 여행사 사장이 알려주는 여행 꿀팁"

박동주

여행을 무척 좋아해서 삶 자체를 여행으로 바꾸고자 여행업에 뛰어들어 20년 넘게 여행업에 종사하고 있다. 저자는 대학교에서 법학을 전공했고, 여행업의 다양한 분야인 가이드, 인솔자, 여행상품기획, 영업의 경험을 토대로 지금은 여행사 대표로 일하고 있다. 여행을 통해 바쁜 현대인이 마음을 치유하고 평안을 얻을 수 있도록 여행의 감동, 즐거움, 추억을 만들어 주고 있다.

이메일: jijoo0705@hanmail.net

20년 경력 현직 여행사
사장이 알려주는

여행
꿀팁

초판인쇄   2020년 7월 21일
초판발행   2020년 7월 21일

지은이   박동주
펴낸이   채종준
펴낸곳   한국학술정보㈜
주소   경기도 파주시 회동길 230(문발동)
전화   031) 908-3181(대표)
팩스   031) 908-3189
홈페이지   http://ebook.kstudy.com
전자우편   출판사업부   publish@kstudy.com
등록   제일산-115호(2000. 6. 19)

ISBN   979-11-6603-025-3 13980